Harro Hieronimus • Einsteiger-Fisch-Fibel

Harro Hieronimus

Einsteiger Fisch-Fibel

Pflegeleichte und schöne Aquarienfische

Fotohinweis:
B. Kahl: 25, 27, 31, 38, 39, 42, 42, 49, 51, 66, 67.
JBL: 18.
Walther Aquarientechnik: 19.
F. Bitter: 88, 90.
Alle anderen Fotos stammen vom Verfasser.

Bibliografische Information der Deutschen Bibliothek

Die Deutsche Bibliothek verzeichnet diese Publikation in der Deutschen Nationalbibliografie; detaillierte bibliografische Daten sind im Internet über http://dnb.ddb.de abrufbar.

Harro Hieronimus
Einsteiger-Fisch-Fibel

ISBN 978-3-935175-52-4

Lektorat: Ulrike Wesollek-Rottmann
Herstellung: Ulrike Stauch, Daniela Gröbel
Druck: Druckerei Himmer, Augsburg
Printed in Germany

Einleitung

Ein Aquarium mit Pflanzen und Fischen soll her. Die Auswahl an Fischen ist groß, aber welche sind geeignet? Wie kann man sicherstellen, dass sie sich vertragen und das Abenteuer Aquarium zu einem Erfolg wird? Hier finden Sie die schönsten Fische für den erfolgreichen Einstieg in die Aquaristik. Haltungshinweise, Aquarienausstattung und vor allem Hinweise zur richtigen Vergesellschaftung (wer mit wem?) werden dazu beitragen, dass Ihr Aquarium zu einem attraktiven Stück Natur in der Wohnung wird.

Die hier vorgestellten Fische sind relativ einfach zu halten und werden in den meisten Geschäften angeboten. Was nützt die Beschreibung eines schönen Fischs, wenn er schwierig zu halten oder gar nicht erst zu bekommen ist? Ein Aquarium soll Freude machen. Das zu realisieren, ist gar nicht so schwer, wenn Sie sich an die Fischauswahl und die Ratschläge zur Gestaltung und Vergesellschaftung halten. Ich wünsche Ihnen also viel Vergnügen und vor allem lange Freude an Ihrem Aquarium.

Viele Regenbogenfische sind ideal für Einsteiger.

Inhalt

Das richtige Aquarium

Es kann nie zu groß sein! Das zuständige Bundesministerium gibt als Mindestgröße für die dauerhafte Haltung 54 l an (entsprechend einer handelsüblichen Beckenbreite von 60 cm). In Österreich ist diese Mindestgröße sogar gesetzlich vorgeschrieben. Je größer aber ein Aquarium ist, desto stabiler sind die Wasserwerte und desto wohler fühlen sich Ihre Fische. Bei der Form des Aquariums sollten Sie darauf achten, dass die Aquarien tiefer als hoch sind. Besonders schmale und hohe Aquarien können zu Sauerstoffmangel führen, sie werden deswegen auch selten angeboten.

Je größer ein Aquarium ist, desto leichter ist es zu pflegen.

Es spricht nichts gegen die oft preiswert angebotenen Fertigsets, um den Einstieg in die Aquaristik zu beginnen. Aber gerade hier besteht die Gefahr, dass wir sie übersetzen. Denn oft ist der Filter für einen hohen Fischbesatz nicht ausgelegt. Ideal wäre ein Zentimeter Fisch pro Liter Wasser, wenn wir aber nicht zu viel füttern (s. Fütterungstipps), dürfen es auch einmal zwei Zentimeter pro Liter Wasser sein. Konkret heißt das: In einem 54-l-Aquarium (60er-Set) können wir etwa 20 Rote Neon artgerecht pflegen (die Einrichtung müssen wir ja abziehen). In einem 112-l-Aquarium (80er-Set) sind es aber schon 50, in einem 160-l-Aquarium (100er-Set) sogar 75. Dies nur als Beispiel, denn Sie werden nicht nur Rote Neon pflegen wollen.

Mit einem etwas größeren Filter, als in den meisten Fertigsets vorhanden, können Sie auch einige Fische mehr pflegen. Neben der Durchflussleistung kommt es auch auf die

Filtergröße an. In Fertigsets finden sich meist bis zu 40 cm^3 Filtermasse pro 10 l Wasser, besser wären 80 bis 100 cm^3. Mehr Tipps zur Technik finden Sie in der Aquarientechnik-Fibel aus der gleichen Reihe.

Wie alt werden Fische eigentlich?

Viele Fische werden älter, als wir es glauben. Zu den kurzlebigeren Arten, die kaum mehr als zwei Jahre alt werden, gehören etwa die südamerikanischen Zwergbuntbarsche, Guppys und viele Killifische. Schwertträger und Labyrinthfische können drei bis vier Jahre erreichen. Aber hätten Sie gedacht, dass ein Roter Neon und viele Regenbogenfische zwölf Jahre oder sogar älter werden können, ein mittelgroßer Panzerwels fünfzehn Jahre und etliche Harnischwelse noch viel älter? Mit der Entscheidung für ein Aquarium übernehmen Sie die Verantwortung, Ihren Schützlingen für sie passende Bedingungen zu bieten und ihnen Voraussetzungen zu schaffen, in Gesundheit möglichst alt zu werden. Sicher erreichen nicht alle Fische ihr theoretisches Höchstalter, aber wir sollten versuchen, ihnen dabei aktiv zu helfen.

Ein dekoratives Aquarium mit schönen Fischen – kein Geheimnis.

Warum kein Goldfisch?

In dieser Fibel werden Sie einige Fische nicht finden, die relativ bekannt sind und in den meisten Büchern vorkommen. So gibt es kaum ein Werk, das ohne einen Goldfisch auskommt. Diese Fische werden aber über 30 cm groß und sind für normale Aquarien nicht geeignet. Selbst der Schleierschwanz wird, wenn er unter besten Bedingungen gehalten wird, kindskopfgroß – ohne Schwanzflosse. Gleiches gilt für Prachtschmerle und Haibarbe, die ebenso wie der Goldfisch fast 40 cm groß (und übrigens über 30 Jahre alt) werden können. Aber auch Fische wie *Pangasius*-Haiwelse, die in der Natur über einen Meter und nur in Schauaquarien artgerecht gehalten werden können, werden immer noch angeboten. Unter dem Namen Haiwels oder Minihai ist noch ein weiterer Fisch im Handel. Diese Kreuzwelse werden aber nicht nur etwa 60 cm groß, sondern sind eigentlich Seewasserfische, deren Jungfische im harten Süß- oder Brackwasser heranwachsen. Später aber brauchen diese Fische unbedingt Seewasser und bis wir dies merken, sind sie schon gestorben.

Es geistert immer noch das Vorurteil durch die aquaristische Welt, dass sich Fische ihrer Beckengröße anpassen würden. Tatsächlich wachsen viele Fische in zu kleinen Aquarien nicht einmal annähernd zu der Größe heran, die sie erreichen könnten. Die Konsequenz ist aber,

Die Saugschmerle, hier die Goldform, wird nicht nur groß, sondern im Alter auch bissig.

dass sie dadurch krankheitsanfälliger werden, ihr normales Verhalten nicht zeigen und vorzeitig sterben. Deswegen sollten Sie dieses Vorurteil schnell vergessen, denn es ist einfach nicht wahr.

Sicher werden Sie auch weitere Fische vermissen, wie etwa die als typischer Einsteigerfisch geltende Saugschmerle. Diese Fische sind aber keine guten Aquarienfische. Während sie als Jungfische noch Algen fressen und die Einrichtung putzen, versuchen sie als Ältere, andere Fische zu putzen und werden diesen mehr als lästig. Sie bringen sehr viel Unruhe ins Aquarium und durch die Belästigungen können die anderen Fische sogar vorzeitig sterben.

Goldfische werden viel zu groß für das normale Aquarium.

Prachtschmerlen werden in ausreichend großen Aquarien über 20 cm lang.

Was passst zusammen?

Ein schönes Aquarium mit bunten Fischen ist der Traum vieler Aquarianer. Dazu gehören verschiedene Fische, die gut zueinander passen. Aber welche passen zusammen? Leider ist die Antwort auf diese Frage nicht ganz einfach, wie ein Beispiel erläutern soll. Auf der Beuteskala größerer Skalare stehen auch kleine Rote Neon. Setzen wir also kleine Neon zu großen Skalaren, sind diese bestenfalls Fischfutter oder ängstigen sich derart, dass sie kümmern. Kaufen wir aber relativ junge Skalare und setzen sie zu mittelgroßen Roten Neon, gewöhnen sich die Neon an die größeren Fische, auch wenn sie heranwachsen. Umgekehrt werden die Skalare die Roten Neon, auch wenn sie erwachsen sind, nicht mehr als Futter ansehen. Sie sehen also, es kommt auch darauf an, wie wir bei der Vergesellschaftung vorgehen.

Es gibt aber einige Grundregeln, die wir beachten sollten, damit die Vergesellschaftung gut klappt. Wenn wir etwa lebhafte Barben zu ruhigen Fischen setzen, werden sich diese nicht wohlfühlen. Bei den Barben gibt es sogar einige Vertreter, die langsameren Fischen an die Flossen gehen und diese beißen. Zusammen mit anderen, schnellen Fischen sind es aber sehr farbenprächtige und schöne Aquarienfische.

Eine Fischgemeinschaft sollte mit Sachverstand zusammengestellt werden, wie hier ein Südamerikabecken.

Große Skalare können kleine Neon fressen.

- Keine großen zu kleinen Fischen setzen, auch wenn die großen friedlich sind. Kleine Fische sind schnell beunruhigt, wenn sie plötzlich mit allzu großen Vertretern konfrontiert werden.
- Möglichst Fische mit ähnlichen Ansprüchen vergesellschaften. Es ist nicht wichtig, ob die Fische vom gleichen Erdteil kommen, solange sie die gleichen Wasseransprüche haben. Rote Neon und Keilfleckbarben in einem Aquarium mit weichem, leicht saurem Wasser mögen nicht jedem gefallen, die Fische werden sich aber alle wohlfühlen und ihr natürliches Verhalten zeigen.
- Bevorzugen Sie Nachzuchten. Diese sind in der Regel an die normalen Leitungswasserbedingungen angepasst und daher leichter zu halten.
- Denken Sie an die verschiedenen Wasserregionen. Wenn Sie Fische für den unteren, mittleren und oberen Bereich auswählen, kommen sich die Fische nicht in die Quere und haben mehr Platz zum Leben.
- Achten Sie auf gleiche Futteransprüche. Fische, die eher pflanzliches Futter bevorzugen, vertragen tierisches Futter besser als Fleischfresser dasjenige der Pflanzen- oder Algenfresser. Setzen wir nur Allesfresser zusammen, haben wir die kleinsten Probleme. Die in diesem Buch vorgestellten Fische sind Allesfresser, wenn nichts anderes bei den Beschreibungen steht. Hinweise erhalten Sie auch bei den Fütterungstipps.

Rote Neon in dieser Größe sind keine Skalarbeute mehr.

Fütterungstipps

Bei fast allen Fischen, die in diesem Buch vorgestellt werden, kann ein Markentrockenfutter die Ernährungsgrundlage bilden. Achten Sie darauf, dass das Verhältnis von Fetten zu Proteinen 1:6 oder kleiner ist, 1:4 oder noch etwas weniger (bei gleichzeitig hohem Gehalt an ungesättigten Fettsäuren) wäre ideal. Dann ist die Wasserbelastung so gering wie möglich. Die Angaben für Rohprotein und Rohfett stehen außen auf der Dose, ebenso wie das Mindesthaltbarkeitsdatum.

Der Inhalt einer angebrochenen Futterdose sollte in etwa sechs Wochen verbraucht sein. Haben Sie eine größere Dose gekauft, füllen Sie das Futter, das Sie erst später brauchen, in leere, gut ausgewaschene Marmeladengläser mit Schraubdeckel und stellen sie diese an einen dunklen, möglichst kühlen Platz. Ist die Dose dann leer, wird sie mit dem Inhalt eines der Marmeladengläser nachgefüllt. So können Sie auch beruhigt eine größere Dose kaufen und haben trotzdem immer frisches Futter.

Wie auch wir, möchten Fische nicht jeden Tag das Gleiche fressen. So sollten wir ihnen zweimal wöchentlich etwas Abwechslung gönnen. Im Fachhandel gibt es lebendes und vor allem gefrorenes Futter. Brauchen Sie nur kleine Mengen, können Sie Frostfutter mit einzelnen kleinen Portionen kaufen (ideal ist hier die Blisterverpackung). Das Futter ist im Gefrierschrank monatelang haltbar. Verfüttern Sie es gefroren, dann ist es frischer. Keine Angst, die Fische verkühlen sich dabei nicht ihren Magen. Auf gar keinen Fall darf einmal aufgetautes Futter wieder eingefroren werden, das kann tödlich für die Fische sein.

Füttern Sie nur einmal täglich, nur Fische, die noch wachsen, zweimal. Auch Aquarienbewohner, die ansonsten eher dämmerungsaktiv sind, wie einige Welse, kommen dann aus der Deckung und fressen. Der Nachmittag eignet sich gut als Futterzeit, dann haben Sie meist auch genug Zeit, die Fische beim Füttern zu beob-

Flocken- und Granulatfutter sowie Futtertabletten sind Nahrungsgrundlage für praktisch alle hier behandelten Fische.

achten. Denn gerade dabei sehen wir, ob sich alle Fische normal verhalten oder sich vielleicht einer abgesondert hat. So erkennen wir, wenn etwas im Aquarium nicht stimmt.

Erwachsene Fische sollten außerdem einmal wöchentlich einen Fastentag einlegen. Auch in der Natur ist der Tisch nicht immer reich gedeckt und die Fische suchen dann auch mal die Aquarienecken nach Fressbarem ab. Auch wenn Sie nur wenige Tage in Urlaub fahren, brauchen Sie nicht zu füttern. Ein- bis zweimal im Jahr dürfen wir unseren Fischen auch mal eine Fastenwoche zumuten. Bei längerer Abwesenheit können Sie Ferienfutter (beachten Sie bitte die Anleitung, bei einigen Ferienfuttern müssen Sie nach Urlaubsende einen Wasserwechsel machen) oder einen Futterautomaten (vorher testen, solange Sie noch zuhause sind) einsetzen. Füttert ein Nachbar oder Freund, zeigen Sie ihm ganz genau, wie viel er füttern darf und schärfen Sie ihm ein, dass mehr für die Fische schädlich ist.

Wie viel Sie bei jeder Fütterung reichen, hängt von den Fischen ab. Gierige Fresser wie Guppys oder Bärblinge sollten innerhalb von zwei Minuten alles aufgefressen haben. Ist das nicht der Fall, spielen sie nur noch mit dem Futter, statt es zu fressen. Ein Skalar dagegen ist ein gemächlicher Fresser. Er darf auch fünf Minuten lang fressen. Aber danach darf kein Futter mehr vorhanden sein, denn das belastet nur die Wasserqualität. Schauen Sie auf die Uhr, nach wenigen Tagen haben Sie die richtige Futtermenge raus.

Bei längerer Abwesenheit kann auch Ferienfutter eingesetzt werden.

Das richtige Wasser

Unser Trinkwasser ist das am besten untersuchte Lebensmittel, was uns zur Verfügung steht. Deswegen sollte es für uns die erste Wahl sein. Wenn wir unser Aquarium neu einrichten, ist es allerdings noch nicht fischgeeignet. Die Bakterienfauna, die unseren Fischen im Aquarium das Überleben ermöglicht, stellt sich auf natürliche Weise erst nach drei bis vier Wochen ein. Wenn Sie nicht so lange warten und eher Fische einsetzen wollen (Pflanzen dürfen natürlich sofort hinein), dann kaufen Sie einen Bakterienstarter. Ihr Händler berät Sie, wie schnell Sie dann Fische einsetzen dürfen. Denn es gibt verschiedene Angebote, bei denen sich die Bakterien unterschiedlich schnell entwickeln. Diese Bakterien brauchen Sauerstoff und sitzen im Filter. Solange er läuft, arbeiten sie. Nach Stromausfall oder gründlicher Reinigung sollten Sie vorsichtshalber wieder einen Bakterienstarter zugeben.

Sie können zusätzlich auch ein Wasseraufbereitungsmittel einsetzen. Es bindet die geringen Chlormengen, die noch im Wasser sind. Achten Sie darauf, dass der Wasseraufbereiter auch einen Schleimhautschutz hat, dann fühlen sich die Fische wohler.

Alle zwei Wochen ist ein Teilwasserwechsel fällig. Dabei werden etwa 30 % des Aquarienwassers abgelassen (Achtung, vorher alle elektrischen Geräte ausschalten) und es wird mit temperiertem Leitungswasser nachgefüllt. Vergessen Sie nicht, den Filter und die Heizung wieder einzuschalten (Zettel machen, ans Aquarium kleben).

Auch die Kontrolle der Aquarientemperatur gehört dazu.

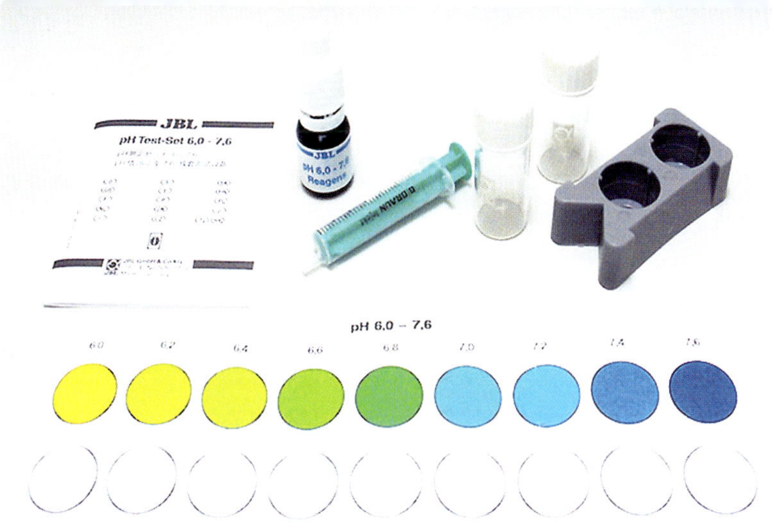

Die Qualität des Aquarienwassers lässt sich durch einfache Tests feststellen.

Fotos: JBL

Die Zugabe eines Filterstarters kann nie schaden.

In diesem Buch finden Sie auch viele Fische, die in der Natur in weichem, leicht saurem Wasser schwimmen. Wenn Sie diese Bedingungen auch in Ihrem Aquarium anbieten wollen, sollten Sie sich im Fachhandel informieren. Es gibt Mittel, die die Karbonathärte senken und den pH-Wert auf einem niedrigen Niveau stabilisieren. Sie können aber auch selbst weiches Wasser herstellen, das sich durch natürliche Zusätze wie Seemandelbaumblätter oder Erlenzapfen ansäuern lässt. Die in dieser Fibel vorgestellten Fische lassen sich aber alle auch in normalem Leitungswasser pflegen.

Krankheiten

Ein leidiges Thema sind Krankheiten. Gerade Anfänger haben häufiger damit zu tun. Dabei kann man vieles vermeiden. Meist sind wir nämlich selbst schuld, wenn die Fische erkranken. Oft passiert es etwa, wenn wir neue Fische dazusetzen. Quarantäne, ein kleineres Aquarium, zwei Wochen mit gutem Wasser und normaler Fütterung, verhindert oft das Einschleppen von Krankheiten. Wenn wir den Besatz für unser Aquarium innerhalb weniger Tage kaufen, können wir uns zwar die eine oder andere Krankheit einschleppen, aber wenn wir diese besiegt haben, sind wir für die Zukunft gut geschützt.

Sobald Sie ein Anzeichen von Krankheit oder ein unnormales Verhalten bemerken, gehen Sie zu Ihrem Fachhändler und schildern Sie es ihm. Er hat eine Auswahl unter verschiedenen frei verkäuflichen, meist gut wirksamen Mitteln. Wenden Sie diese unbedingt nach Vorschrift an und lesen Sie die Anleitung ganz genau. Oft ist nach Behandlungsende ein Wasserwechsel vorgesehen, machen Sie ihn dann auch. Fortgeschrittene sollten sich ein spezielles Buch über Fischkrankheiten zulegen und selbst herausfinden, woran ihre Fische leiden. Eine der besonders häufigen, aber auch relativ gut zu behandelnden Krankheiten ist die Weißpünktchenkrankheit, ausgelöst von *Ichthyophthirius multifiliis*. Die kleinen weißen Pünktchen sind besonders auf den Flossen gut zu erkennen. Wird dann schnell eines der zahlreichen Mittel aus dem Fachhandel angewendet (wer immer wieder neue Fische in sein Aquarium setzt, sollte eines vorrätig haben), überleben die Fische fast immer. Unbehandelt jedoch führt auch diese Krankheit zum Tod der Fische.

Ein kranker Black Molly als Folge schlechten Aquarienwassers.

Ein Fisch mit diesem Ichthyobefall kann durch Medikamenteneinsatz gerettet werden.

Pflegemaßnahmen

Bei einem gut eingelaufenen Aquarium (nicht zu viele Fische, mäßig gefüttert, mit regelmäßigem Teilwasserwechsel) gibt es nicht viel zu tun. Ein bisschen Pflegeaufwand, etwa 10-15 Minuten täglich, entsteht aber doch. Diese Maßnahmen sind notwendig:

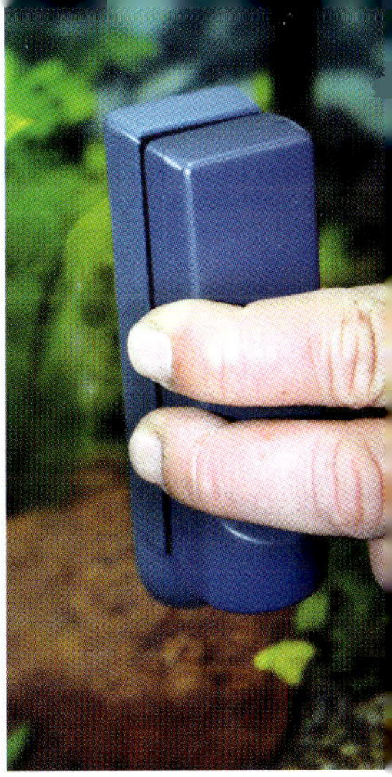

Das Reinigen der Scheiben von Algen ist eine wöchentlich zu erledigende Aufgabe.

Foto: Walther Aquarientechnik

Der Bodengrund lässt sich beim Wasserwechsel gut reinigen.

Täglich

- Füttern
- Fische beobachten
- Technik auf Funktion kontrollieren
- Temperatur am Thermometer ablesen

Wöchentlich

- Scheiben von Algen befreien
- Fastentag einlegen
- Lebend- oder Frostfutter reichen
- Bei viel Mulm am Boden diesen absaugen

Zweiwöchentlich

- Teilwasserwechsel (30 %)
- Zu stark wuchernde Aquarienpflanzen beschneiden
- Absterbende Pflanzenblätter entfernen
- Lücken in der Bepflanzung mit Ablegern oder neuen Pflanzen füllen

Bei Bedarf

- Filter reinigen (wenn der Durchfluss nachlässt)
- Lampen ersetzen
- Bodengrund reinigen
  Achtung, nur dann, wenn sich schwarze Stellen zeigen und die Pflanzen schlecht wachsen!
- Neue Pflanzen und Fische kaufen

1

2

3
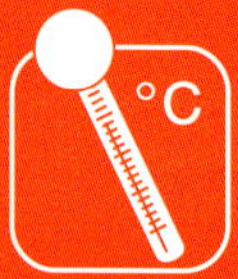

4

5

6

Die schönsten Fische für den Einsteiger

Piktogramme:

1 Vorkommen, Herkunft

2 Maximale Länge in cm, ♂ (Männchen), ♀ (Weibchen), ohne verlängerte Schwanzflosse

3 Temperatur in °C; geringe Abweichungen nach oben und unten werden gewöhnlich vertragen.

4 Wasserregion: Gibt an, in welchem Beckenbereich, Mitte, unten, oben, die Fische sich bevorzugt aufhalten.

5 Beckengröße: Gibt die Mindestkantenlänge an (handelsübliche Aquarien).

6 Vergesellschaftung:
++: friedlich mit nahezu allen anderen Fischen;
+: friedlich mit vielen anderen Fischen, aber gewisse Einschränkungen
! Achtung, nicht mit allen Fischen zusammen zu pflegen

Warum gerade diese Fische?

Bei vielen Fischgruppen sind weit mehr Fische geeignet, als hier vorgestellt werden. Von den über 200 Panzerwelsen ist sicherlich die Hälfte auch eine gute Wahl für Einsteiger. Auch bei Barben, Bärblingen und Salmlern ist die Auswahl viel größer. Bei den vorgestellten Arten wurde deswegen Wert darauf gelegt, dass sie im gut sortierten Aquarienhandel ohne große Suche erhältlich sind.

Lebend-gebärende

Während bei den meisten anderen Fischgruppen viele Fische gepflegt werden, die in Farbe und Form so auch in der Natur vorkommen, sind bei den Lebendgebärenden fast ausschließlich Zuchtformen im Handel. Sie sind durch jahrzehntelange Zucht an das Leben im Aquarium gut angepasst. Die Männchen haben eine umgeformte Afterflosse, das Gonopodium, mit dem sie die Weibchen begatten. Das Faszinierende an den Lebendgebärenden ist außerdem, dass sie sich im Aquarium fast immer gut vermehren und etwa alle vier Wochen Junge bekommen. Aber Vorsicht, schnell ist das Aquarium zu klein, warten Sie nicht zu lange, um größere Jungfische an Bekannte oder Händler abzugeben. Verzichten Sie bei der Zucht bitte auf die Ablaichkästen, diese sind zu klein und gefährden das Wohlbefinden von Weibchen und Jungfischen. Wenn Sie mehr Jungfische aufziehen wollen, sollten Sie dazu ein kleines Aquarium einrichten und die Jungfische in ein größeres Becken setzen, sobald sie groß genug sein. In Aquarien mit Skalaren oder Buntbarschen werden kaum Jungfische durchkommen, sie dienen als zusätzliches Lebendfutter.

Guppy
Poecilia reticulata

Südamerika

♂ 3 cm, ♀ 5 cm

23–25 °C

oben

60+

++

Guppys gehören seit 100 Jahren zu den beliebtesten Aquarienfischen. Gründe sind sicher ihr munteres Verhalten, bei dem die Männchen die Weibchen oft anbalzen, und der Umstand, dass sie lebende Junge werfen, die sofort schwimmen können. Es gibt sie als Zuchtformen in zahllosen Farben und neben der häufig angebotenen Triangelform sogar noch in etlichen anderen Flossenformen wie etwa Doppelschwert. Wildguppys sind seltener im Handel, haben allgemeine recht kurze Flossen und sind kleiner als die Zuchtformen. Eine besonders schöne Wildform ist übrigens Endlers Guppy, von dem es inzwischen aber auch etliche Zuchtformen gibt. In kleinen Aquarien kann man die farbigen Männchen auch ohne die wenig farbigen Weibchen halten, wenn man nicht riskieren will, dass durch die zahlreichen Nachzuchten das Aquarium bald überfüllt ist.

Foto: B. Kahl

Auch Doppelschwertguppys sind schön.

Guppys mit Triangelschwanz sind regelmäßig im Handel.

Die Weibchen zeigen nicht so viele Farben.

Endlers Guppy ist eine besonders schöne Wildform.

Foto: B. Kahl

Schwertträger

Xiphophorus hellerii

Mittelamerika

♂ 10 cm, ♀ 12 cm

20–24 °C

Mitte

100+

+

Wie bei vielen Lebendgebärenden sind die Männchen untereinander sehr zänkisch. Ein Männchen mit zwei bis drei Weibchen ist eine gute Mischung. Die Männchen zeigen dann auch ihre imposante Zickzack-Balz, bei der sie in großen Sprüngen vor dem Weibchen hin- und herschießen, bevor es zur Begattung kommt. Man unterscheidet die Frühmännchen, bei denen die Männchen früh Gonopodium und Schwert bekommen und kaum größer als 6 cm (plus Schwert) werden. Die Spätmännchen sehen erst lange fast wie Weibchen aus, ohne Junge zu bekommen, bis sie dann doch Schwert und Gonopodium haben. Sie können deutlich größer als die Frühmännchen werden. Bei großen Schwertträgerweibchen hat man schon 200 Junge gezählt. Von den zahllosen Zuchtformen lassen sich die kurzflossigen Varianten rein züchten. Bei den langflossigen Varianten muss ein normalflossiges Männchen mit einem kurzflossigen Weibchen gepaart werden, damit in der Nachzucht wieder 50 % Langflosser sind. Bei Fischen aus dem Handel können die Jungfische der ersten Würfe sehr bunt ausfallen, da Schwertträger wie viele Lebendgebärende eine Vorratsbefruchtung haben. Einmal befruchtet, können Weibchen mehrere Würfe ohne erneute Befruchtung bekommen.

Diese Koischwertträger haben ihren Namen wegen der farblichen Ähnlichkeit zum Kohaku-Koi.

Schwertträgermännchen der sogenannten Wiesbadener Kreuzung.

Ein Klassiker: der Neon-Schwertträger

Schwertträgerweibchen, hier als Ananas-Schwertträger, bekommen weder Schwert noch Gonopodium.

Foto: B. Kahl

Molly, Spitzmaulkärpfling

Poecilia sphenops

- Mittelamerika
- ♂ 6 cm, ♀ 7 cm
- 24–28 °C
- Mitte, oben
- 60+
- +

Mollys gehören zu den Fischen, die gerne Algen fressen. In der Natur weiden sie dauernd Steine, Pflanzen und Wurzeln ab. An den Pflanzen selbst vergreifen sie sich nicht. Füttern wir sie aber zu reichlich, fressen sie auch keine Algen mehr. Besonders beliebt ist die schwarze Zuchtform des Mollys, der Black Molly. In den letzten Jahren bietet der Handel aber auch Goldene und Goldstaubmollys (schwarz mit goldenen Sprenkeln) an. Die eher graue Wildform ist selten im Geschäft zu finden. Während die Mollymännchen untereinander recht streitsüchtig sind und wir deswegen am besten nur eines halten, sind die Weibchen sehr friedlich. So können wir einen kleinen Harem halten, dann sollte das Aquarium aber etwas größer sein. Die Jungen sind bei der Geburt bereits relativ groß und selbstständig.

Männchen des Black Molly.

Weibchen des Goldmolly.

Platy, Spiegelplaty

Xiphophorus maculatus

Mittelamerika

♂ 4 cm, ♀ 6 cm

22–26 °C

Mitte, unten

60+

++

Platys gehören zu den wenig anspruchsvollen Fischen, die sich mit den meisten Wasserbedingungen anfreunden können, solange das Wasser nicht weich und sauer ist. Denn das mögen sie nicht. Die Männchen streiten zwar schon einmal untereinander, aber in einer viel verträglicheren Manier als die Schwertträger. Wildformen sind meist grau und fast nie im Handel. Die vielen Farben der Zuchtformen bieten für jeden etwas. Dabei ist allerdings Rot immer noch die dominierende Farbe. Obwohl die Weibchen nicht besonders groß werden, können sie bis zu 50 Jungfische bekommen. Diese wachsen relativ schnell heran und sind mit einem Alter von einem halben Jahr bereits geschlechtsreif und nahezu ausgewachsen. Kreuzt man übrigens rote Exemplare mit andersfarbigen, setzt sich beim Nachwuchs fast immer Rot durch.

Diese inzwischen recht beliebte Zuchtform wird als „Blutendes Herz" bezeichnet, die schwarzen Schwanzflossenstreifen als „Komet".

Pinselschwanz-Wagtailplatys (*Xiphophorus maculatus*).

Foto: B. Kahl

Papageienplaty

Xiphophorus variatus

Mexiko

♂ 6 cm, ♀ 6 cm

20–24 °C

Mitte, unten

60+

++

Die Papageienplatys sind zwar mit dem Platy nahe verwandt, Kreuzungen zwischen diesen beiden wie auch zwischen Platy und Schwertträger sind aber nicht ganz einfach. Während die Platys in Rot besonders beliebt sind, kommt diese Farbe bei Papageienplatys nur als Mix vor, rein rote Exemplare sind nicht bekannt. Dafür sind viele Exemplare mit gelben und rötlichen Farbpartien im Handel, aber auch solche mit Schwarzanteilen auf den Seiten. Gegenüber normalen Platys sind Papageienplatys schlanker; auch wachsen beide Geschlechter langsam heran. Die nicht allzu zahlreichen Jungfische, mehr als 20 sind schon ein gutes Ergebnis, brauchen meist ein Jahr oder länger, bis sie ausgewachsen sind. Das ist auch der Grund, warum Papageienplatys im Handel teurer sind als normale Platys. Dafür können sie auch im ungeheizten Wohnzimmeraquarium gepflegt werden.

Häufig im Handel sind gelbrote Papageienplatys mit normaler, wie hier, oder auch vergrößerter Rückenflosse.

Karpfen-fische

Fünfgürtelbarben, *Barbus pentazona*, sehen fast aus wie Sumatrabarben, sind aber keine Flossenzupfer.

Vor allem unter den Barben und Bärblingen gibt es viele exzellente Einsteigerfische. Diese werden nicht besonders groß, sind farbig, kommen mit fast allen Wasserbedingungen zurecht und sind – mit Ausnahme der Sumatrabarbe – auch als friedlich zu bezeichnen. Sie werden zwar gerne als Schwarmfische charakterisiert, sind aber eher Gruppenfische, die die Gesellschaft ihresgleichen lieben, aber nicht lebensnotwendig brauchen. Trotzdem sollten wir immer eine Gruppe von mindestens sechs Exemplaren pflegen.

Sumatrabarbe

Barbus cf. *anchisporus*

Indonesien

♂ 6 cm, ♀ 6 cm

22–26 °C

Mitte

60+

!

In den meisten Büchern wird die Sumatrabarbe noch als *Barbus tetrazona* bezeichnet. Das ist allerdings eine andere, ähnliche Art. Da man aber nicht genau weiß, ob es wirklich *Barbus anchisporus* ist, wurde das cf. eingefügt (cf. bedeutet ähnlich). Wie die anderen hier als *Barbus* bezeichneten Arten liest man manchmal als Gattung auch *Puntius*, das ist aber Auffassungssache. Die Sumatrabarbe hat leider eine sehr unangenehme Eigenschaft, denn sie beißt in die Flossen anderer, langsamerer Fische und frisst davon. Deswegen darf sie nur mit ebenso schnellen oder robusteren Fischen vergesellschaftet werden, etwa anderen Barben oder kleinen Buntbarschen. Erst ausgewachsen entwickeln sie ihre wunderschönen Farben, die sie trotzdem zu einem beliebten Aquarienfisch machen. Natürlich gilt die Warnung vor dem Flossenbeißen auch für die Zuchtformen wie Moosbarbe, Cherrybarbe (auch pink genannt), Platinbarbe oder die Gelblinge und Albinos der Sumatrabarbe. Als Gruppenfisch sollte man nie weniger als sechs Exemplare pflegen. Mit Sumatrabarben im Aquarium ist auf jeden Fall Leben in der Bude, ohne dass es nervöse oder besonders unruhige Fische wären. Aber kleine Jagereien sind an der Tagesordnung.

Ausgewachsene Sumatrabarben sind sehr farbenprächtige Aquarienfische.

Moosbarben schillern smaragdgrün.

Deutlich ist der Eivorrat des Weibchens der gelben Sumatrabarbe erkennbar.

Indien

♂ 7 cm, ♀ 7 cm

18–24 °C

Mitte

80+

++

Prachtbarbe

Barbus conchonius

Es gibt wenige Fische mit so angenehmen Eigenschaften wie die Prachtbarbe. Neben einer schönen Färbung frisst sie auch noch alle Arten von Algen, ohne dabei die Pflanzen zu beschädigen. Ob normalflossig oder mit verlängerten Flossen, die Eigenschaften bleiben. Neuerdings sind auch immer wieder rote Fische im Handel, die wie kleine Goldfische aussehen und im Gegensatz zu diesen gut im kleineren Aquarium gehalten werden können. In ihrer Heimat kann es im Winter auch einmal deutlich kühler werden, sogar ein Unterschreiten der 18 °C gefährdet noch nicht das Leben unserer Prachtbarben. Als schnelle, lebhafte Schwimmer sind sie fast immer zu sehen. Die Geschlechter sind einfach zu unterscheiden. Die Männchen sind farbig, während die Weibchen beige mit einem deutlichen Schwanzwurzelfleck sind.

Sieht aus wie ein kleiner Goldfisch: die rote Prachtbarbe.

Langflossiges, wildfarbenes Männchen der Prachtbarbe.

Purpurkopfbarbe
Barbus nigrofasciatus

Auch bei dieser Barbe handelt es sich um eine sehr lebhafte Art, die aber gegenüber den anderen Aquarienbewohnern nahezu vollkommen friedlich ist und sich auch für ein reines Barbenbecken eignet. Sehen die Männchen im Händlerbecken gerade einmal etwas rötlicher und kräftiger gefärbt aus als die Weibchen, entwickeln sie sich dann bei uns, sofern sie sich wohlfühlen, zu wahren Farbwundern. Der Vorderkörper wird tiefrot, während der Hinterkörper schwarz ist. Die Weibchen haben eine Streifung aus dunkelbraunen bis schwarzen Streifen auf beigem Grund. Sie sind auch etwas fülliger, sobald sie etwa 5 cm groß sind. In der Natur sind sie vom Aussterben bedroht, deswegen sind ausschließlich Nachzuchten im Handel.

Sri Lanka

♂ 6 cm, ♀ 6 cm

24–26 °C

Mitte

60+

++

Das blassere Weibchen der Purpurkopfbarbe.

Männchen der Purpurkopfbarbe in Prachtfärbung.

Odessabarbe

Barbus padamya

Myanmar

♂ 5 cm, ♀ 5 cm

18–25 °C

Mitte

60+

++

Erst vor Kurzem hat man die Heimat der Odessabarbe in Myanmar (früher Burma) gefunden. Dabei war sie als Aquarienfisch schon lange bekannt. Weil sie erstmals in Odessa (Krim) auftauchte, wurde sie als Odessabarbe gehandelt. Oft findet man sie noch als *Barbus ticto*, aber das ist eine andere, seltener gepflegte Art. Die Männchen haben eine deutlich kräftigere Rotfärbung auf den Körperseiten als die Weibchen, die, wenn sie erwachsen sind, eher rot überhaucht wirken. Odessabarben sind sehr ausdauernde, gegen Krankheiten nicht besonders anfällige Fische, die relativ ruhige, aber stete Schwimmer sind, die selten Ruhephasen einlegen.

Männchen der Odessabarbe.

Weibchen der Odessabarbe.

Messingbarbe, Brokatbarbe

Barbus semifasciolatus, Barbus „schuberti"

China

♂ 7 cm, ♀ 7 cm

18–24 °C

Mitte

60+

++

Die Brokatbarbe ist die gelbe Variante der Messingbarbe und viel häufiger im Handel als die Stammform. Lange wurde sie mit einem eigenen Namen belegt, *Barbus „schuberti"*, aber da es keine eigene Art ist, war dies unberechtigt. Ihr gelegentlich benutzter Name Hongkongbarbe deutet auf die Herkunft aus Hongkong und angrenzenden Gewässern hin. Als schneller Schwimmer eignet sie sich hervorragend als Gesellschaft etwa der Sumatrabarbe oder anderer, schneller Fische, ist aber auch friedlich gegenüber langsameren Schwimmern und zupft nicht etwa an ihren Flossen. Wie alle hier vorgestellten Barben ist sie ein Gruppenfisch, der mit mindestens fünf bis sechs Exemplaren gehalten werden sollte. Nur dann fühlen sie sich richtig wohl und zeigen ihr munteres, immer etwas verspieltes Verhalten.

Die Brokatbarbe ist die gelbe Zuchtform der Messingbarbe.

Bitterlingsbarbe

Barbus titteya

Indien, Sri Lanka

♂ 5 cm, ♀ 5 cm

18–24 °C

Mitte unten

60+

++

Diese Barbe ist etwas ruhiger als viele ihrer Gattungsgenossen. Dafür ist sie sehr anspruchslos und kann mit nahezu allen anderen Fischen problemlos vergesellschaftet werden. Die Männchen zeigen ein kräftiges Rot, während die etwas fülligeren Weibchen eher rotbraun gefärbt sind. Auch sie eignen sich für das ungeheizte Aquarium, wenn sichergestellt ist, dass die Temperatur nicht unter 16 °C sinkt. Lieber haben sie es aber, wenn es mehr als 20 °C sind. In letzter Zeit sind auch hübsche Albinos in den Handel gekommen, die aber noch sehr selten zu finden sind.

Das fülligere und rotbraune Bitterlingsbarben-Weibchen.

Männchen der Bitterlingsbarbe.

Siamesische Rüsselbarbe

Crossocheilus siamensis

Wie nur wenige Fische ist die Siamesische Rüsselbarbe in der Lage, ein Aquarium von Algen, selbst Pinselalgen, fast vollständig zu befreien. Deswegen wird sie auch manchmal als Siamesischer Algenfresser angeboten. Von den ähnlichen Arten, mit denen sie häufiger verwechselt wird, unterscheidet sie sich dadurch, dass ein scharf abgegrenzter weißer Streifen über dem schwarzen Mittelstreifen fehlt und letzterer erst am Ende der Schwanzflosse ausläuft. Im Gegensatz zur Saugschmerle ist sie gegenüber anderen Fischen absolut friedlich und kann diese allenfalls durch ihre Größe erschrecken, aber nicht gefährden. In ausreichend großen Aquarien, denn es können stattliche Fische werden, sind sie immer dabei, Algen von überall abzuknabbern, die Pflanzen bleiben dagegen unbehelligt.

Thailand, Malaysia

♂ 14 cm, ♀ 14 cm

23–26 °C

Mitte

100+

++

Auf diesem Foto sind die Charakteristika der Siamesischen Rüsselbarbe gut erkennbar.

Diese Fische ruhen auch gerne einmal in den Pflanzen.

Zebrabärbling

Danio rerio

Indien

♂ 5 cm, ♀ 5 cm

22–26 °C

Mitte oben

60+

++

Die munteren, quirligen Zebrabärblinge gehören zu den beliebtesten Zierfischen – zu Recht. Angenehme Größe, attraktives Äußeres und ihr friedliches Verhalten lassen sie auch zu guten Einsteigerfischen werden. Die Geschlechter sind recht einfach zu unterscheiden, erwachsene Männchen sind etwas farbiger, die Weibchen fülliger. Häufig findet man auch die langflossige Zuchtform im Handel. Sie ist ebenso einfach zu halten wie die Stammform. Auch diese gierigen kleinen Fresser dürfen nicht zu häufig gefüttert werden, da sie sonst verfetten können. Wichtiger Hinweis: In Deutschland und anderen europäischen Ländern sind genveränderte, sogenannte transgene Zebrabärblinge im Handel aufgetaucht. Sie sind an den meist roten Körperfarben gut zu erkennen. Der Handel mit diesen Fischen ist in der gesamten EU verboten und wird streng bestraft. Sollten Ihnen diese Fische angeboten werden, kaufen Sie nicht!

Zebrabärblinge fühlen sich nur in der Gruppe wohl.

Foto: B. Kahl

Foto: B. Kahl

Männchen des schleierflossigen Zebrabärblings.

Männchen des normalflossigen Zebrabärblings.

Das fülligere Weibchen des Zebrabärblings.

Leopardbärbling

Danio „frankei"

Unbekannt

♂ 6 cm, ♀ 6 cm

22–26 °C

Mitte oben

60+

++

Wer immer etwas Gewusel im Aquarium haben möchte mit kleinen, aber vollkommen harmlosen Streitereien, der ist mit einer *Danio*-Art bestens bedient, so auch mit dieser. Dabei ist es wahrscheinlich gar keine echte Art, sondern eine Variante des Zebrabärblings, die im Aquarium entstanden ist und dann weitergezüchtet wurde. Denn sie zeigt nicht nur das gleiche Verhalten, sondern ist auch mit dem Zebrabärbling sehr leicht kreuzbar. Die Weibchen sind deutlich fülliger und so leicht zu erkennen. Bei diesen gierigen Fressern müssen wir aufpassen, dass sie nicht zu viel bekommen. Auch wenn sie nahezu stündlich fressen könnten, das tut ihnen nicht gut. Einmal täglich füttern reicht auch hier, trotzdem werden sich die munteren, quirligen Fische wohlfühlen. Achtung: Auch von diesem Fisch könnten transgene Fische in den Handel kommen (s. vorige Art).

Die Männchen des Leopardbärblings haben eine gelbe Afterflosse.

Grüner Fransenlipper
Epalzeorhynchos frenatus

Thailand

♂ 15 cm, ♀ 15 cm

24–26 °C

unten

100+

++

Anders als der sehr ähnliche Feuerschwanz, *E. bicolor*, bei dem nur die Schwanzflosse rot ist, handelt es sich beim Grünen Fransenlipper um einen auch innerartlich sehr friedlichen Fisch, wenn auch kleine, harmlose Rangeleien nicht ausbleiben. Seinen Namen hat der Grüne Fransenlipper erhalten, weil der Körper größerer Exemplare grünlich schimmern kann und nicht nur dunkel-anthrazitfarben aussieht. Bei größeren Exemplaren sind die Geschlechter am stärkeren Körperumfang der Weibchen zu erkennen. Im Handel ist auch eine albinotische Zuchtform, die einen fleischfarbenen Körper und ebenso kräftig rote Flossen wie die Normalform hat. Damit die Fische sich wohlfühlen und ihr natürliches Verhalten zeigen können, sollten Sie sich mindestens drei Exemplare zulegen, die aber ein größeres Aquarium brauchen.

Kleine Kabbeleien bleiben auch bei diesem Fisch nicht aus.

Keilfleckbärbling
Trigonostigma heteromorpha

Südostasien

♂ 4,5 cm, ♀ 4,5 cm

22–26 °C

Mitte

60+

++

Der Keilfleckbärbling, lange zur Gattung *Rasbora* gehörig, in der auch einige gute Einsteigerfische enthalten sind, lässt sich in normalem Leitungswasser gut pflegen. In weichem, leicht saurem Wasser aber zeigen vor allem die Männchen deutlich kräftigere Kupfertöne und mehr Rot. Männchen haben kräftiger gefärbte vordere Afterflossenstrahlen und einen vorne schrägen Keilfleck, der bei den Weibchen gerade ist bei nahezu farbloser Afterflosse. Erwachsene Weibchen sind auch deutlich fülliger. Zwei ähnliche Arten sind im Handel, *Trigonostigma espei* und *T. hengeli*, die jedoch meist als Wildfänge importiert werden und daher weiches, leicht saures Wasser bevorzugen. Wenn sich die Keilfleckbärblinge wohlfühlen, laichen sie auch ab. Das geschieht paarweise unter Pflanzenblättern.

Die Männchen sind am vorne etwas schrägen Keilfleck zu erkennen.

In normalem Wasser bleibt die Färbung etwas blasser.

Foto: B. Kahl

Weiches, leicht saures Wasser fördert die Rottöne.

Erwachsene Männchen bleiben immer etwas schlanker.

Kardinälchen, Kardinalfisch
Tanichthys albonubes

China

♂ 5 cm, ♀ 5 cm

10–26 °C

Mitte

60+

++

Genügsam, friedlich, unempfindlichen gegen Wasserbedingungen und sehr temperaturtolerant, was will man mehr. So ist es kein Wunder, dass das Kardinälchen ein idealer Einsteigerfisch ist, auch für das ungeheizte Wohnzimmeraquarium. Ob Langflosser, blond oder Normalform, alle sind gleich einfach zu halten. Die Nachzucht ist einfach, die Jungfische sehen zeitweise wie kleine Neonfische aus. Das Kardinälchen kann mit allen anderen friedlichen, nicht zu großen Fischen vergesellschaftet werden und stellt auch keine Ansprüche an Wasserwerte und Futter. Neuerdings im Handel ist auch das Vietnamesische Kardinälchen, *T. micagemmae*, das zwar Temperaturen über 16 °C benötigt, ansonsten aber genauso leicht zu halten ist und sich im Artenbecken problemlos vermehrt, weil es seinen Jungfischen nicht nachstellt.

Noch nicht lange bei uns ist das Vietnamesische Kardinälchen.

Kardinälchen, hier ein Weibchen, sind anspruchslose Fische.

Salmler

Glühlichtsalmler, *Hemigrammus erythrozonus*, gehören zu den einfach zu pflegenden Salmlern.

Auch bei den Salmlern ist die Zahl geeigneter Einsteigerfische sehr groß, sodass wieder nur eine Auswahl präsentiert werden kann. Sie sind nur selten echte Schwarmfische, sondern die Männchen besetzen bei vielen Arten kleine Reviere und balzen die vorüberschwimmenden Weibchen an. Damit sie ihr artgerechtes Verhalten zeigen können, müssen wir also auch hier mindestens sechs Exemplare pflegen.

Marmorierter Beilbauchfisch

Carnegiella strigata

Südamerika

♂ 4 cm, ♀ 4 cm

24–28 °C

oben

60+

\+

Schon die Körperform lässt die Anpassung dieser Fische an das Leben direkt unter der Wasseroberfläche erkennen. Durch blitzschnelles Schlagen mit der Schwanzflosse und Ausstrecken der Brustflossen können sie meterweit über die Wasseroberfläche segeln. Also ist es wichtig, das Aquarium sehr gut abzudecken. Denn es braucht keine wirkliche Gefahr, Beilbauchfische springen auch manchmal ohne Grund, wenn sie sich etwa spielerisch jagen. Ansonsten sind es genügsame Fische, die allerdings weiches und leicht saures Wasser bevorzugen. Da die Nachzucht schwierig ist, sind überwiegend Wildfänge im Handel zu erhalten. Eine ähnliche Art ist der Silberbeilbauchfisch, *Gasteropelecus sternicla*, der 6 cm groß wird.

Der Silberbeilbauchfisch ist ebenfalls oberflächenorientiert.

Der Marmorierte Beilbauchfisch ist nur selten abseits der Oberfläche zu finden.

Trauermantelsalmler
Gymnocorymbus ternetzi

Ein kleiner Trupp Trauermantelsalmler ist eine Bereicherung für jedes Gesellschaftsbecken. Zwar können sie auch in relativ kleinen Aquarien gepflegt werden, in größeren zeigen sie ihr Verhalten aber erst richtig. Es sind lebhafte Fische, ohne Unruhe ins Aquarium zu bringen. Sechs Exemplare sollten es deswegen sein. Bei nahezu erwachsenen Fischen kann man die Geschlechter gut unterscheiden, denn die Weibchen sind fülliger und haben einen deutlich höheren Körper. In der Färbung gibt es praktisch keine Unterschiede. Inzwischen sind auch zahlreiche Zuchtformen im Handel, hier zählt der persönliche Geschmack. Nur bei den Langflossern muss man aufpassen, denn sie sind gegen bakterielle Infektionen (Weißfärbung der Flossenspitzen sind ein erstes Zeichen) empfindlich. Dann muss schnell mit einem geeigneten Medikament behandelt werden.

- Paraguay, Argentinien
- ♂ 5 cm, ♀ 5 cm
- 22–26 °C
- Mitte
- 60+
- ++

Die helle Zuchtform ist genauso gut zu halten wie die Normalform.

Einer der echten Klassiker unter den Einsteigerfischen: der Trauermantelsalmler.

Rotkopfsalmler

Hemigrammus bleheri

Südamerika

♂ 5 cm, ♀ 5 cm

24–28 °C

Mitte

60+

++

Die hübschen Rotkopfsalmler fühlen sich nur in einer Gruppe von mindestens sechs Exemplaren wohl. Dann sind sie nicht so scheu, denn in einer größeren Gruppe fühlen sie sich sicherer. Ein gutes Zeichen für ihr Wohlbefinden ist es, wenn sie nicht nur dicht beisammen stehen, sondern immer wieder einzeln durch das Aquarium schwimmen und es erkunden, um dann wieder zusammenzufinden. Rotkopfsalmler sind ein bisschen empfindlich gegen die Weißpünktchenkrankheit und müssen deswegen im Geschäft und in den ersten Tagen zuhause gut beobachtet werden. In der Gattung *Hemigrammus* gibt es noch zahlreiche weitere, gut geeignete Einsteigerfische, etwa den Glühlichtsalmler, *Hemigrammus erythrozonus*. Dieser wird etwa 4 cm groß. Wie beim Rotkopfsalmler reicht auch bei ihm ein Zusatz von Torfextrakten oder Erlenzäpfchen, um die Rottöne zu intensivieren.

Der kräftig rote Kopf zeigt, dass dieser Rotkopfsalmler sich wohlfühlt.

Kolumbiensalmler

Hyphessobrycon columbianus

Kolumbien

♂ 6 cm, ♀ 6 cm

24–26 °C

Mitte

60+

++

Tatsächlich waren es gerade einmal zehn Exemplare, die vor einigen Jahren von einem deutschen Aquarianer, der diese Art in Kolumbien entdeckte, importiert und verbreitet wurden. Wegen seiner attraktiven, metallisch blauen Färbung wurde er schnell verbreitet und gehört bereits heute zu den beliebtesten Aquarienfischen. Die Weibchen sind deutlich höher und fülliger als die Männchen und etwas blasser, während diese nicht nur etwas kräftiger gefärbte Flossen, sondern auch leuchtendere Farben haben. Dieser Fisch eignet sich gut für erste Zuchtversuche, denn eine Temperaturerhöhung auf 26 bis 28 °C mit einem kleinen Wasserwechsel löst häufig bereits das Ablaichen aus. Natürlich hilft es, wenn wir vorher möglichst häufig Lebend- und Frostfutter statt nur Trockenfutter gereicht haben. Dann bekommen die Weibchen auch einen sichtbaren Laichansatz.

Foto: B. Kahl

Ein Schmuckstück in jedem Aquarium: der Kolumbiensalmler.

Brasilien

♂ 4 cm, ♀ 4 cm

22–26 °C

Mitte

60+

++

Roter von Rio

Hyphessobrycon flammeus

Nicht umsonst ist der Rote von Rio seit Jahrzehnten einer der beliebtesten Aquarienfische. Aufgrund seiner Herkunft aus dem winterkühlen Rio passt er sowohl in das ungeheizte Wohnzimmeraquarium wie auch in das Gesellschaftsbecken mit wärmeliebenden Arten. Was er allerdings nicht mag, ist die Gesellschaft viel größerer Fische, etwa von Skalaren. Dann kann er leicht scheu und farbblass sein. Ansonsten zeigen nicht nur die Männchen schöne Farben. Zwar sind die Weibchen etwas blasser, aber auch sie haben noch viele Rottöne. Außerdem sind die Weibchen deutlich fülliger, was die Geschlechterunterscheidung leicht macht. Da er seit vielen Jahren in großen Mengen gezüchtet wird, entstanden zahlreiche Zuchtformen. So gibt es zwei helle Varianten, den Albino mit roten Augen und die blonden Fische mit ebenfalls hellem Körper, aber dunklen Augen. Alle Zuchtformen sind genauso gut und einfach zu halten wie die Normalform.

Albinos sind immer an ihren roten Augen zu erkennen.

Die blonde Variante hat einen hellen Körper, aber schwarze Augen.

Die Weibchen haben – wie häufig – einen fülligeren Körper.

Eine Gruppe des „Roten von Rio" ist sehr dekorativ.

Foto: B. Kahl

Brasilien

♂ 4,5 cm, ♀ 4,5 cm

23–27 °C

Mitte

60+

++

Schwarzer Phantomsalmler
Hyphessobrycon megalopterus

Ob sich Ihre Schwarzen Phantomsalmler wohlfühlen, merken Sie recht schnell. Denn dann beziehen die Männchen – erkennbar an ihrer großen Rückenflosse – kleine Reviere über Pflanzenspitzen, imponieren gegenüber anderen Männchen und balzen die vorbeischwimmenden Weibchen an. Dabei werden alle Flossen gespreizt und die schönsten Farben gezeigt. Natürlich muss man mindestens drei Paare halten, damit dieses Verhalten wirklich gut zu beobachten ist. Der Schwarze Phantomsalmler steht hier stellvertretend für zahlreiche andere *Hyphessobrycon*-Arten, bei denen die Männchen große Rückenflossen haben und somit schon früh von den Weibchen zu unterscheiden sind. Beinahe alle sind friedlich, nur der Blutsalmler (*H. eques*, oft auch fälschlich als *H. callistus* angeboten) neigt deutlich zum Flossenbeißen. Dieser eignet sich besser als Gesellschaft für flinke Barben.

Foto: B. Kahl

Männchen des Schwarzen Phantomsalmlers mit ihren großen Rückenflossen.

Brillantsalmler

Moenkhausia pittieri

Im Verkaufsbecken machen Brillantsalmler meist nicht viel her. Sie wirken eher grau, wenn auch die Männchen schon früh an ihren vergrößerten Flossen erkennbar sind. Aber erst nach einigen Monaten im Aquarium zeigen die Männchen ihre wahre Pracht. Auf den Körperseiten treten Glanzschuppen deutlich hervor, die wie Brillanten schimmern – daher der Name. Unterstützen können wir diesen Effekt noch, wenn wir etwas Torfextrakt, Seemandelbaumblätter oder einige Erlenzäpfchen zugeben und so für ein leicht bräunliches Aquarienwasser sorgen. Dann schimmern und funkeln die Fische, vor allem bei der sehr häufig zu beobachtenden Balz, noch schöner.

Venezuela

♂ 5,5 cm, ♀ 5,5 cm

24–26°C

Mitte

60+

++

Die Weibchen haben kürzere Flossen.

Ein erwachsenes Männchen mit ausgezogenen Flossen und Glanzschuppen.

Rotaugen-Moenkhausie
Moenkhausia sanctaefilomenae

Südamerika

♂ 6 cm, ♀ 6 cm

23–26 °C

Mitte

60+

++

Eigentlich würde man sich um diesen – abgesehen von der schwarzen Schwanzflosse – eher grauen Fisch kaum kümmern, wenn er nicht seine auffällige rote Iris hätte, die gut zur schwarzen Pupille kontrastiert. Beide Geschlechter sind annähernd gleich gefärbt, die Weibchen sind aber deutlich fülliger und höher. Allerdings sieht man dies erst bei fast erwachsenen Fischen, weshalb man auch von dieser Art mindestens sechs Exemplare kaufen sollte. Die ruhigen Schwimmer halten sich überwiegend in der mittleren Wasserschicht auf und belästigen andere Fische nicht. Auch wenn in einem belebten Raum viel vor dem Aquarium los ist, lassen sie sich davon kaum beeindrucken und behalten ihr angenehmes Verhalten bei. Bei der Balz sind die Männchen nicht ganz so ausdrucksstark wie etwa die des Brillantsalmlers.

Männchen der Rotaugen-Moenkhausie.

Längsbandziersalmler

Nannostomus beckfordi

Der Längsbandziersalmler gehört zu den Salmlern, die sich auch paarweise wohlfühlen. Selbst dann zeigen die Männchen schöne Farben. Wer aber nur ein Pärchen pflegt, beraubt sich des Anblicks der sich ständig kabbelnden Männchen, bei denen sie imponierend und in den schönsten Farben nebeneinander schwimmend den Gegner zu beeindrucken versuchen. Dabei sind alle diese kleinen Streitereien völlig harmlos und dienen dazu, die Weibchen zu beeindrucken, die sich diese kleinen Rangeleien auch gerne ansehen. Die Männchen belegen dann kleine Reviere. Jedes andere Männchen wird vertrieben, Weibchen angebalzt. Längsbandziersalmler gehören zu den wenigen Salmlern, denen eine Fettflosse fehlt. Diese ist ansonsten zwischen Rücken- und Schwanzflosse und kommt etwa auch bei Panzerwelsen vor.

Östl. Südamerika

♂ 5 cm, ♀ 5 cm

24–28 °C

Mitte

60+

++

Männchen des Längsbandziersalmlers in Balzstimmung.

Die Weibchen sind deutlich blasser und etwas fülliger.

Kaisersalmler

Nematobrycon palmeri

Kolumbien

♂ 3 cm, ♀ 5 cm

23–26 °C

Mitte

60+

++

Auch bei den Kaisersalmlern lässt sich das wahre Verhalten nur sehen, wenn wir eine kleine Gruppe von mindestens sechs Exemplaren pflegen. Die Männchen imponieren gegeneinander, die Weibchen werden angebalzt. Ständig ist etwas in der kleinen Gruppe los. Allerdings zeigen erst die erwachsenen Männchen ihre volle Schönheit. Dann sind ihre Flossen lang ausgezogen, auch die mittleren Flossen der Schwanzflosse. Während die Weibchen ähnlich hübsche Körperfarben haben – vor allem die metallisch glänzenden, gelbgrünen Bereiche fallen auf –, sind ihre Flossen nicht ausgezogen. Nur in der Mitte der Schwanzflosse ist auch bei ihnen eine kleine Verlängerung zu sehen. Haben wir einige feinfiedrige Pflanzen im Aquarium und sagen den Kaisersalmlern die Wasserbedingungen zu (weich und leicht sauer wäre gut), vermehren sie sich auch, denn sie stellen ihren Jungen kaum nach.

Ausgewachsenes, prächtige Kaisersalmler-Männchen.

Dunkle Zuchtform des Kaisersalmlers.

Roter Neon
Paracheirodon axelrodi

Nach seiner Entdeckung Anfang der 50er-Jahre wurde der Rote Neon zum Star der Aquaristik. Sein leuchtend blauer Farbstreifen mit dem roten Bauch macht ihn besonders auffällig, vor allem, wenn etwa durch Torfextrakte oder Erlenzäpfchen das Wasser leicht braun getönt ist. Diesen Effekt können wir auch durch Einbringen von Moorkienholzwurzeln erreichen. Dann besetzen die Männchen kleine Reviere im unteren Aquarienbereich und balzen die vorbeischwimmenden Weibchen an. Inzwischen sind auch viele Nachzuchten im Handel, die mit normalem Leitungswasser noch besser zurechtkommen als die Wildfänge. Diese sind nämlich gar nicht so empfindlich wie oft angegeben. Viel wichtiger ist, ihnen mindestens zweimal wöchentlich Lebend- oder Frostfutter anzubieten, denn eigentlich sind es kleine Raubfische. Trotzdem sind sie gegenüber allen anderen Fischen friedlich – für kleinste Jungfische würde ich aber nicht die Hand ins Feuer legen.

Südamerika
♂ 4,5 cm, ♀ 4,5 cm
24–27 °C
Mitte, unten
60+
++

Vor dunklem Hintergrund kommen die Farben besser zur Geltung.

Neontetra, Neonsalmler
Paracheirodon innesi

Peru

♂ 3,5 cm, ♀ 4 cm

20–24 °C

Mitte

60+

++

Es ist wenig bekannt, aber der Neontetra ist einer der relativ wenigen südamerikanischen Fische, die auch im ungeheizten Wohnzimmeraquarium gepflegt werden können, solange eine Mindesttemperatur von 18 °C gewährleistet wird. Dazu fühlt er sich auch noch in normalem Leitungswasser wohl, es muss keineswegs weiches oder leicht saures Wasser sein. Auch ein Torfzusatz ist nicht nötig. Durch seine relativ einfache Züchtbarkeit gibt es inzwischen zahlreiche Zuchtformen bis hin zu Schleierflossern. Häufiger findet man allerdings den Diamantneon, dem der vordere Teil des blauen Seitenstreifens weggezüchtet wurde und der deswegen heller wird, blonde (also helle, aber schwarzäugige) und albinotische (helle, rotäugige) Neontetras. Die Weibchen sind etwas größer und deutlich fülliger als die Männchen, unterscheiden sich farblich aber nicht.

Männchen des Neontetras.

Ein blonder Neon ohne blauen Streifen.

Die Weibchen sind deuitlich fülliger

Blauer Kongosalmler
Phenacogrammus interruptus

Bei der Farbbeschreibung des Blauen Kongosalmlers sind die Angaben oft widersprüchlich. Denn neben den gelben und grünen Grundtönen kann der ganze Körper, vor allem jedoch die Oberseite, hellblau metallisch überhaucht sein, besonders beim Einfall von Sonnenlicht. Für diesen Fisch sollte das Aquarium deswegen so aufgestellt sein, dass es zwei bis drei Stunden Sonnenlichteinfall bekommen kann. Die Männchen, erkennbar an den deutlich verlängerten Flossen, kabbeln oft leicht miteinander, ohne dass es ihnen schaden würde. Wenn sie die Weibchen anbalzen, spreizen sie ihren Flossenbehang und zeigen ihre wahre Pracht, vor allem in leicht saurem Wasser (Erlenzäpfchen zufügen). Sie dürfen nicht mit Fischen vergesellschaftet werden, die sich am Flossenbehang vergreifen.

- Zentralafrika
- ♂ 9 cm, ♀ 7 cm
- 24–28 °C
- Mitte, oben
- 80+
- ++

Die Weibchen haben deutlich kürzere Flossen, aber trotzdem hübsche Farben.

Schrägschwimmer
Thayeria boehlkei

Südamerika

♂ 6 cm, ♀ 6 cm

23–27 °C

Mitte

60+

++

Längst nicht alle Fische schwimmen gerade durchs Wasser. Einer der bekanntesten Fische mit ungewöhnlicher Schwimmhaltung ist der Schrägschwimmer, der, wie der Name schon sagt, mit dem Kopf schräg nach oben schwimmt. Auch seine Färbung kommt etwas besser heraus, wenn wir mit Torfextrakt oder Erlenzäpfchen das Wasser leicht braun tönen. Ist es dazu noch weich und leicht sauer, sind die Bedingungen selbst für die Fortpflanzung optimal. Die Geschlechter sind nicht einfach zu unterscheiden, erst bei größeren Exemplaren erkennt man die fülligeren Weibchen besser.

Männchen sind etwas schlanker.

Erst erwachsen erkennt man die Weibchen

Buntbarsche

Die meisten Buntbarsche leben eher pärchenweise oder sogar im Harem, also ein Männchen mit mehreren Weibchen. Ihr Verhalten gegenüber Artgenossen ist manchmal etwas ruppig, deswegen sind als Einsteigerfische nur einige Arten gut geeignet. Lassen Sie sich nicht von den oft farbigen Angeboten im Handel beeindrucken, sondern informieren Sie sich unbedingt vorab, wie groß die gewünschten Fische werden können und wie sie sich anderen Fischen gegenüber verhalten. Die vorgestellten Arten sind dagegen einsteigertauglich.

Agassiz' Zwergbuntbarsch
Apistogramma agassizii

Brasilien

♂ 7 cm, ♀ 4,5 cm

22–25 °C

unten

60+

++

Wie die meisten Buntbarsche verteidigt auch das Männchen von Agassiz' Zwergbuntbarsch sein Revier gegenüber allen anderen Männchen. Selbst in großen Aquarien müssen wir durch Wurzeln oder Pflanzenbarrieren Reviergrenzen schaffen. Allerdings können in einem Revier mehrere Weibchen leben, wenn wir ihnen ausreichend viele kleine Höhlen anbieten – sonst streiten sich auch die Weibchen. Die kleineren und gelblich gefärbten Weibchen kümmern sich nach dem Ablaichen alleine um die Brut, das Männchen verteidigt nur sein „großes" Territorium. Bewohnt wird nur der untere Bodenbereich, Trockenfutter ist unbeliebt, es sollte möglichst mehrmals wöchentlich Lebend- oder Frostfutter gereicht werden. Von diesem Zwergbuntbarsch sind einige Farbformen im Handel, die sich besonders in der Schwanzflossenfarbe des Männchens unterscheiden.

Die Weibchen sind kleiner und gelblich und haben auch kürzere Flossen.

Männchen von Agassiz' Zwergbuntbarsch.

Der Rotflossen-Kakaduzwergbuntbarsch

Südamerika

♂ 8 cm, ♀ 5 cm

24–27 °C

unten

80+

+

Kakaduzwergbuntbarsch
Apistogramma cacatuoides

Eine der am häufigsten nachgezüchteten und deswegen in zahlreichen Farbformen erhältlichen Zwergbuntbarscharten ist der Kakaduzwergbuntbarsch, der seinen Namen von den stark verlängerten ersten Rückenflossenstrahlen der Männchen bekommen hat. Leider sind diese bei den Zuchtformen kaum noch erkennbar, dafür sind die Flossen viel farbiger geworden. Auch hier sind die Weibchen gelblich und mit kaum gefärbten Flossen. In Laichstimmung sind sie kontrastreich gelb-schwarz gefärbt. Ursprünglich waren nur der hintere Teil der Rückenflosse und der obere der Schwanzflosse der Männchen gefleckt, inzwischen sind aber auch Zuchtformen mit durchgehend orangefarbenen und roten Flossen im Handel. Auch diese Zwergbuntbarsche werden am besten im Harem gepflegt, mit mindestens zwei Höhlen pro Weibchen.

Ein Männchen mit durchgepunkteten Flossen.

Alle Flossen dieses Männchens sind orange gefärbt.

- Guyana
- ♂ 10 cm, ♀ 9 cm
- 24–26 °C
- unten
- 100+
- ++

Schlüssellochbuntbarsch
Cleithracara maronii

Auch wenn er deutlich größer wird als die meisten anderen kleinen Buntbarsche, ist der Schlüssellochbuntbarsch doch einer der friedlichsten Vertreter seiner Familie. Die Geschlechter sind schwer zu unterscheiden, die Männchen werden etwas größer und haben dann etwas längere Flossen. Am besten lässt man sich aus einigen gekauften Halbwüchsigen selbst die Paare heraussuchen, die dann einen Stein oder eine andere offene Stelle putzen und darauf ablaichen. Deshalb werden sie im Gegensatz zu den Höhlenbrütern der Gattung *Apistogramma* als Offenbrüter bezeichnet. Beide Partner bewachen nach dem Ablaichen Eier und Jungfische, wobei die anderen Fische zwar vom Ablaichort vertrieben, aber nicht ernsthaft gefährdet werden. Nur mit Trockenfutter erreicht man allerdings bei diesen Fischen nichts, mehrmals wöchentlich soll es schon Frost- oder Lebendfutter sein. Diese Art kann bis zehn Jahre alt werden.

Das Geschlecht halbwüchsiger Schlüssellochbuntbarsche kann man nicht erkennen.

Gelber Labidochromis
Labidochromis caeruleus „yellow"

Malawisee

♂ 10 cm, ♀ 9 cm

24–26 °C

Mitte

100+

\+

Nicht nur die auffällig gelbe Färbung hat zur Beliebtheit dieser Farbvariante des eigentlich blauen *L. caeruleus* beigetragen, sondern auch sein für einen Malawiseebuntbarsch recht friedliches Verhalten. So kann man ihn in ausreichend großen Aquarien gut mit anderen Fischen vergesellschaften, die ebenfalls hartes Wasser mit einem pH-Wert über 7 benötigen. Die Männchen haben etwas kräftiger gefärbte Bauch- und Brustflossen und werden etwas größer, ansonsten sind sich die Geschlechter sehr ähnlich. Die Weibchen tragen nach dem Ablaichen die Eier mehrere Wochen im Maul und entlassen die Jungen zwischen Steinen. Bei Gefahr können sie aber noch eine Zeitlang wieder ins Maul zurück. Der Gelbe Labidochromis ist ein Allesfresser, der auch die Pflanzen in Ruhe lässt, mindestens zweimal wöchentlich aber Lebend- oder Frostfutter erhalten sollte.

Die plakativen Farben des Gelben *Labidochromis* fallen sofort auf.

Tanganjikasee

♂ 7 cm, ♀ 5,5 cm

24–26 °C

unten

60+

+

Schneckenbuntbarsch
Neolamprologus ocellatus

Große Teile des Tanganjikasees sind mit leeren Schneckenschalen übersät. So ist es nicht verwunderlich, dass sich einige Fischarten auf das Leben in diesem Bereich spezialisiert haben: die Schneckenbuntbarsche. Diese paarweise lebenden Fische verteidigen ein kleines Revier. Dort wird gelebt, abgelaicht und auch die Jungen werden aufgezogen. In einem funktionierenden Aquarium, das gar nicht groß zu sein braucht, wird man bald Abnehmer für die Jungfische suchen. Voraussetzung ist, dass das Wasser hart und der pH-Wert über 7 ist. Solange sie die mittleren und oberen Schichten bewohnen, werden andere Fische auch geduldet, vielleicht auch einmal von Paaren mit Laich oder Jungen aus der direkten Schneckenumgebung verjagt. Es gibt noch einige andere Arten von Schneckenbuntbarschen, die ähnlich gut zu halten sind.

Foto: B. Kahl

Farbintensiv sind *Lamprologus ocellatus* „Gold“.

Weibchen von *L. ocellatus* vor seinem Schneckenhaus.

Männchen von *Lamprologus ocellatus.*

Foto: B. Kahl

Besonders schön gefärbtes Männchen von *L. ocellatus* „Gold".

Schmetterlingsbuntbarsch
Mikrogeophagus ramirezi

- Südamerika
- ♂ 7 cm, ♀ 7 cm
- 24–28 °C
- unten
- 60+
- ++

Schmetterlingsbuntbarsche gehören zu den farbenprächtigsten Fischen. Dabei sind sie relativ friedlich und gut in einem Gesellschaftsaquarium zu halten. Dort bewohnen sie überwiegend den unteren Aquarienbereich. Die Geschlechter sind relativ gut unterscheidbar, die Männchen haben farbigere und länger ausgezogene Flossen und auch die Körperfarben sind kräftiger. Im Handel sind meist geschlechtsreife Fische, deswegen kauft man am besten ein Pärchen. Wenn es sich wohlfühlt, wird es bald einen Laichplatz suchen. Für diese Fische ist es am besten ein glatter Stein, denn es sind Offenbrüter. Beide Eltern bewachen Eier und Jungfische. Auch dann sind sie immer noch friedlich gegenüber anderen Aquarienbewohnern, die ihnen nicht zu nahe kommen. Weiches und leicht saures Wasser kommt ihnen entgegen, aber auch Leitungswasser ist für die im Handel befindlichen Nachzuchten okay. Auch eine Goldform ist im Handel, ebenso wie Langflosser.

Auch eine Goldform ist regelmäßig im Handel.

Ein prächtiges Männchen des Schmetterlingsbuntbarschs.

Prinzessin von Burundi, Feenbuntbarsch *Neolamprologus pulcher*

Tanganjikasee

♂ 10 cm, ♀ 10 cm

24–26 °C

Mitte, unten

100+

+

Erst kürzlich stellte sich heraus, dass *Neolamprologus brichardi*, *N. daffodil* und *N. pulcher* nur eine einzige Art sind. Diese zeichnet sich aber durch eine besondere Vermehrungsstrategie aus. Denn die älteren Jungfische helfen aktiv bei der Pflege ihrer jüngeren Geschwister. Das kennt man nur von dieser Art. Ein Steinaufbau, hartes, alkalisches Wasser und einige Jungtiere, das reicht schon. Bald wird sich ein Pärchen finden und mit der Fortpflanzung beginnen. Das Revier wird heftig verteidigt, weshalb eine Vergesellschaftung nur mit robusten anderen Arten infrage kommt, die auch noch ähnliche Wasseransprüche haben. Aber alleine der Anblick einer Gemeinschaft von Feenbuntbarschen in allen möglichen Altersstufen ist es wert, diesen Fisch zu pflegen. Besonders mit anderen relativ friedlichen Tanganjikaseebuntbarschen klappt es meist gut.

Färbung und Verhalten machen diesen Fisch besonders interessant.

Segelflosser, Skalar
Pterophyllum scalare

Südamerika

♂ 12 cm, ♀ 12 cm

24–26 °C

Mitte

100+

+

Seine ganz besondere Körperform lässt den Skalar schon zu einer imposanten Erscheinung werden. Dazu kommt ein für einen Buntbarsch friedliches Verhalten – mit einigen Ausreißern, es gibt auch echte Stänkerer, aber die sind selten –, sodass er zu einem der beliebtesten Aquarienfische wurde. Trotzdem braucht er wegen seiner Körperhöhe relativ große Aquarien und dazu so oft wie möglich Lebend- oder Frostfutter, denn mit Trockenfutter freundet er sich nicht wirklich an. Auch kleine Jungfische werden nicht verschmäht. Die Geschlechter sind schwer zu unterscheiden. Inzwischen gibt es zahlreiche Zuchtformen, die meist noch einfacher als die Wildform zu halten sind. Nur bei den langflossigen Exemplaren müssen wir aufpassen, dass sich keine bakteriellen Infektionen (Weißfärbung der Flossenspitzen) einstellen. Fühlen sich die Skalare wohl, bildet sich aus dem Trupp, den wir kaufen sollten (fünf bis sechs Stück sollten es schon sein) Paare, die meist auf großen Pflanzenblättern ablaichen. Im normalen Gesellschaftsaquarium haben sie aber meist keine Chance, die Jungen aufzuziehen.

Die Wildform überzeugt mit ihrer Streifung.

Besonders beliebt: Rotrücken- oder Koiskalare.

Schwarze Skalare sind sehr apart.

Purpurprachtbarsch, Königscichlide *Pelvicachromis pulcher*

Nigeria

♂ 10 cm, ♀ 8 cm

24–27 °C

unten

80+

+

Auch diese Buntbarsche bilden kleine Reviere, aber sie sind trotzdem verhältnismäßig friedlich. Als Höhlenbrüter möchten sie einen kleinen Unterstand als möglichen Ablaichplatz. Das Besondere bei dieser Art ist, dass die Balz von den Weibchen ausgeht. Sie präsentieren dem Männchen ihren knallroten Bauch und locken es zum Ablaichplatz. Danach bewacht das Weibchen das Gelege, das Männchen den Außenbereich. Die Männchen sind zwar revierbildend, aber sie sind nicht sonderlich aggressiv. Deswegen können sie mit vielen Fischen vergesellschaftet werden. Ihr friedliches Wesen zeigt sich auch darin, dass immer einige Jungfische durchkommen, denn die Alttiere stellen ihnen nicht nach. Viel Lebend- oder Frostfutter trägt deutlich zum Wohlbefinden der Fische bei. So ist der Purpurprachtbarsch einer der empfehlenswertesten Buntbarsche.

Männchen des Purpurprachtbarschs.

Bei dieser Art sind die Weibchen die Farbigeren.

Welse

Glaswelse, *Kryptopterus minor*, sind die einzigen echten Schwarmfische im Süßwasser.

Weil die Welse nur eine verknöcherte Schwimmblase haben, sind fast alle an ein Leben auf dem Bodengrund oder auf Gegenständen wie Steinen und Wurzeln angepasst. Nur wenn sie sich ständig bewegen, wie der Asiatische Glaswels, können sie sich auch in mittleren Wasserschichten bewegen. Während viele Harnischwelse sich auch alleine wohlfühlen, sind Panzerwelse Gruppen-, Glaswelse sogar Schwarmfische. Auch von ihnen sollten wir immer mindestens sechs Exemplare pflegen.

Blauer Antennenwels

Ancistrus spec.

Südamerika

♂ 13 cm, ♀ 11 cm

22–26 °C

unten

80+

\+

In den meisten Büchern findet sich der Blaue Antennenwels noch als *Ancistrus dolichopterus*. Aber das ist eine andere Art und unsere Blauen Antennenwelse wahrscheinlich eine Kreuzung, die so in der Natur gar nicht vorkommt. Als Jungtiere gute Algenfresser, lässt das im Alter etwas nach. Das Männchen besetzt ein Revier in einer Höhle, in die das Weibchen nur zum Ablaichen darf. Ei- und Jungenpflege ist Sache der Männchen. Da diese untereinander aggressiv um das beste Revier kämpfen – schlimmstenfalls endet es mit dem Tod eines der beiden –, sollten nie erwachsene Männchen zusammengesetzt werden. Die Geschlechter sind leicht zu unterscheiden, denn die Männchen haben schon als Halbwüchsige kleine, später große Tentakel auf dem Kopf, die den Weibchen fehlen. Im Handel sind auch viele Zuchtformen wie Gold, Schildpatt oder Albino.

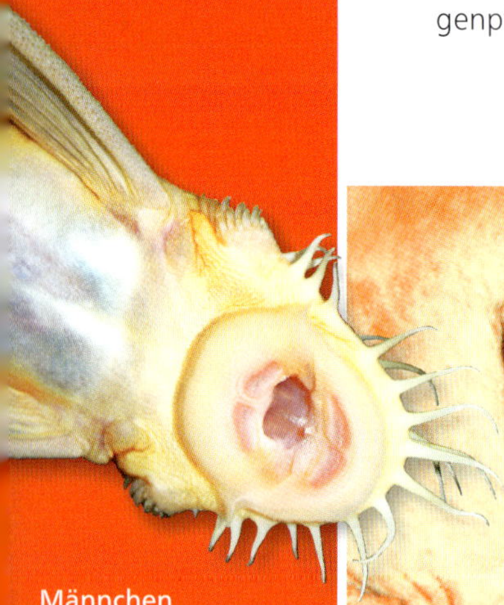

Männchen der goldenen Form des Blauen Antennenwelses.

Normalgefärbtes Weibchen des Blauen Antennenwelses.

Metallpanzerwels

Corydoras aeneus

Südamerika

♂ 5 cm, ♀ 6 cm

24–26 °C

unten

60+

++

Metallpanzerwelse lieben die Gesellschaft ihresgleichen. Deswegen sollten Sie nicht weniger als fünf, besser sogar einige Exemplare mehr kaufen. Unermüdlich wird auf dem Bodengrund nach Futter gesucht, auch die oberste Bodenschicht wird dabei durchwühlt. Deswegen darf der Bodengrund für Panzerwelse nie scharfkantig sein, damit sie sich die zarten Barteln nicht verletzen. Männchen und Weibchen sind erst bei fast erwachsenen Metallpanzerwelsen gut zu unterscheiden, weil die Weibchen dann fülliger und größer sind. Beliebt sind auch die Albinos, die durch ihren hellen Körper stark auffallen. Metallpanzerwelse sind Allesfresser, die auch Futtertabletten erhalten sollten. Einmal wöchentlich sollte Lebend- oder Frostfutter als Ergänzung angeboten werden. Panzerwelse können recht alt werden, acht bis zehn Jahre sind keine Seltenheit.

Der Metallpanzerwels verlässt nur selten die Bodenzone.

Marmorierter Panzerwels

Corydoras paleatus

Südamerika

♂ 6 cm, ♀ 7 cm

18–24 °C

unten

60+

++

Dieser Panzerwels ist sehr weit südlich verbreitet und verträgt deswegen problemlos niedrige Temperaturen, auch des ungeheizten Zimmeraquariums. Ab 18 °C kann er ablaichen, wobei wir dies durch Wasserwechsel mit einem Eimer kaltes Wasser ins Aquarium leicht auslösen können. Die Weibchen sind deutlich größer und fülliger. Marmorierte Panzerwelse sind relativ aktiv und häufig unterwegs. Sie können zur Futtersuche auch einmal an die Oberfläche gehen. Wie andere Panzerwelse wollen sie nicht nur Trockenfutter, sondern regelmäßig auch Frost- oder Lebendfutter, gerne Mückenlarven oder Tubifex. Achtung vor dem Brustflossenstachel: Wenn Sie sich daran stechen, entsteht ein heftiger Schmerz, denn dieser Stachel ist bei Panzerwelsen giftig. Gefährlich wird es allerdings kaum, es kann aber tagelang schmerzen.

Die Weibchen sind deutlich größer als die Männchen.

Sandgrund ist für Panzerwelse ideal.

Kleine L-Welse verschiedene Arten

Es gibt inzwischen über 400 L-Welse, von wenigen Zentimetern großen bis hin zu Meterexemplaren. Die kleineren davon eignen sich durchaus für ein nicht so großes Gesellschaftsaquarium und fressen meist auch noch Algen. Erkundigen Sie sich bei Ihrem Händler unbedingt über die Endgröße und nehmen Sie nur Arten, die höchstens 10 cm groß werden. Die Geschlechter sind meist sehr schwer oder gar nicht zu unterscheiden und in der Regel sowieso identisch gefärbt. Fast alle Arten fressen mehr oder weniger gut Algen, lehnen aber auch eine gelegentliche Abwechslung nicht ab. Besonders kontrastreich gefärbte Arten haben meist auch ihren Preis. Ihr Händler sollte Ihnen bei Interesse sagen können, ob sich der von Ihnen gewünschte L-Wels für Ihr Aquarium eignet.

Südamerika

♂ 10 cm, ♀ 10 cm

22–26 °C

unten

80+

+

Unter den L-Welsen gibt es viele sehr attraktive Arten.

L-Welse lieben oft kleine Höhlen oder Verstecke.

Rückenschwimmender Kongowels
Synodontis nigriventris

Zentralafrika

♂ 9 cm, ♀ 9 cm

23–26 °C

Mitte

80+

++

Es gibt nur wenige Fische, die ab und zu auf dem Rücken schwimmen und nur einen, der das fast sein ganzes Leben lang macht. Der Rückenschwimmende Kongowels hat sich ganz an das Leben unter Uferböschungen angepasst und schwimmt fast ständig auf dem Rücken. Nur bei der Nahrungssuche vom Bodengrund nimmt er mal die „normale" Schwimmhaltung ein. Diese Welse schwimmen gerne in kleinen Trupps (vier und mehr), sind aber überwiegend dämmerungsaktiv und tagsüber selten zu sehen. Vorsicht: Auch Jungfische anderer, sehr groß werdender Arten schwimmen manchmal auf dem Rücken, achten Sie beim Kauf auf das typische Zeichnungsmuster mit den charakteristischen Querstreifen. Einige kleine Unterstände aus Wurzeln oder Steinen werden gerne angenommen und nach Eingewöhnung sind diese Welse dann auch immer wieder tagsüber zu sehen.

Rückenschwimmende Kongowelse suchen mit dem Bauch oft Kontakt zum Substrat.

Labyrinth- fische

Besonders bekannt und beliebt ist der Siamesische Schleierkampffisch, *Betta splendens.*

Fische, die ertrinken können? Gibt es! Nämlich die Labyrinthfische, von denen der Siamesische Kampffisch besonders bekannt ist. Sie brauchen immer Luft über der Wasseroberfläche und ungehinderten Zugang dazu (Vorsicht beim Wasserwechsel, immer mindestens 2 cm unter der Oberkante frei lassen), sonst können sie ertrinken. Sie nehmen die Luft an der Oberfläche auf und drücken sie in eine labyrinthartige Struktur hinter den Kiemen. Außerdem sind viele von ihnen Schaumnestbauer, d.h. die Männchen sprudeln umspeichelte Luftblasen unter die Oberfläche. In diesem Schaumnest werden dann die Eier untergebracht.

Siamesischer Kampffisch

Betta splendens

Hinterindien

♂ 6 cm, ♀ 5 cm

24–28 °C

oben

60+

!

Der Name Kampffisch klingt gefährlich, aber nur die Männchen untereinander geraten sofort in heftige Kämpfe und können sich dabei auch umbringen. Zu allen anderen Fischen sind sie friedlich. Gepflegt werden bei uns die vielfarbigen Schleierformen, deswegen dürfen die Siamesischen Kampffische nicht mit flossenzupfenden Fischen vergesellschaftet werden. Man kann die Männchen auch ohne die an den kurzen Flossen zu erkennenden Weibchen halten, selbst dann bauen sie ihr Schaumnest. Besser ist es aber, sie mit zwei (kleines Aquarium) oder mehr Weibchen zu vergesellschaften, die untereinander friedlich sind. Dann zeigen die Männchen ihr natürliches Verhalten und balzen die Weibchen immer wieder mit gespreizten Flossen an. Andere Fische werden aus dem direkten Schaumnestbereich vertrieben, aber nicht verletzt oder anderweitig geschädigt.

Selten zu sehen, ein weißer Kampffisch.

Ein Männchen mit ausgebreiteten Flossen.

Die Weibchen haben deutlich kürzere Flossen.

Die türkisfarbenen Zwergfadenfische sind sehr beliebt.

Zwergfadenfisch

Trichogaster lalia

Indien, Hinterindien

♂ 5 cm, ♀ 5 cm

23–28 °C

Mitte, oben

60+

++

Zwergfadenfische (meist noch als *Colisa lalia* zu finden) haben verlängerte Bauchflossen, mit denen sie sich durch Tasten im Trüben und Dunkeln orientieren können. Die Männchen sind farbiger als die Weibchen. Die Stammform ist gelbblau gestreift, die Weibchen eher silbrig. Inzwischen gibt es aber zahlreiche Zuchtformen, vor allem die türkisfarbenen sind beliebt. Achten Sie beim Kauf allerdings darauf, dass die Fische keinen dicken Bauch haben (fragen Sie ansonsten, ob vielleicht gerade gefüttert wurde), denn diese Art ist etwas anfällig gegen Fischtuberkulose und sollte nur äußerlich gesund gekauft werden. Ein Pärchen reicht schon, da die Männchen sich sonst leicht streiten. Auch diese Labyrinthfische sind Schaumnestbauer, die aber nicht so einfach zum Nestbau schreiten wie der Siamesische Kampffisch.

Eine schon stark blaue Zuchtform, aber noch mit roten Flossen.

Blauer Fadenfisch, Blauer Gurami
Trichopodus trichopterus

- Hinterindien
- ♂ 10 cm, ♀ 10 cm
- 24–28 °C
- Mitte, oben
- 100+
- ++

Blaue Fadenfische werden in den meisten Büchern noch in der Gattung *Trichogaster* geführt. Auch sie orientieren sich viel mit ihren Bauchflossenfäden (keine flossenzupfenden Fische dazusetzen!) und sind Schaumnestbauer. Aus dieser Umgebung werden andere Fische vertrieben. Einzeln gehaltene Exemplare können recht ruppig werden, weshalb immer eine kleine Gruppe gepflegt werden sollte. Dazu ist dann auch das größere Aquarium notwendig, kleinere sind ungeeignet. Es gibt verschiedene Zuchtformen in Gelb und Albino. Die Körperseiten können wie die Wildform mit zwei Punkten versehen oder marmoriert (Cosby-Färbung) sein. Die Männchen haben länger ausgezogene Flossen, besonders an der Afterflosse sichtbar. Eine nahe verwandte Art ist der Mosaikfadenfisch, *Trichopodus leeri*, mit seinem roten Bauch. Dieser ist allerdings etwas ruhiger.

Der Blaue Fadenfisch in Naturfärbung.

Nicht selten werden Albinos angeboten.

Regenbogen-fische

Regenbogenfische zeigen meist sehr schöne Farben.

Farbig, friedlich und oft nicht zu groß: Die Regenbogen- und Ährenfische sind gut geeignete Einsteigerfische für nicht zu kleine Aquarien. Sie sind nämlich aktive Schwimmer und oft unterwegs. Als Dauerlaicher balzen und laichen sie täglich, wenn sie sich wohlfühlen. Dann zeigen sie auch ihre schönsten Farben.

Papua, Indonesien

♂ 3 cm, ♀ 5 cm

23–25 °C

oben

60+

++

Boesemans Regenbogenfisch

Melanotaenia boesemani

Wer diese Fische pflegen will, sollte ein Aquarium haben, in das morgens oder abends etwas Sonnenlicht fällt. Dann zeigen sie ihre allerschönsten Farben, während die Männchen die Weibchen anbalzen. Als Dauerlaicher legen sie täglich Eier ab, im Gesellschaftsaquarium werden aber keine Jungen durchkommen. Es gibt von diesem Fisch inzwischen mehrere Zuchtformen, bei denen der Hinterkörper auch stark orange bis rot gefärbt sein kann. Auf allzu blasse Exemplare sollte man verzichten, sie kommen oft aus Massenvermehrungen. Diese Allesfresser stehen gerne in leichter Strömung und warten dort auf Futter, zu dem sogar Wasserlinsen zählen. Dabei werden die Wasserpflanzen nicht belästigt. Die Weibchen sind kurzflossiger und blasser als die Männchen. Beide zeigen ihre schönsten Farben aber erst, wenn sie nach etwa einem Jahr ausgewachsen sind.

Kleines Bild oben: Auch die Weibchen zeigen hübsche Farben.

Ein junges, aber schon ausgefärbtes Männchen.

Zwergregenbogenfisch
Melanotaenia maccullochi

Obwohl Regenbogenfische in Australien meist in weichem Wasser vorkommen, während die neuguineischen Gewässer oft weich sind, aber einen pH-Wert über 7 haben, handelt es sich um sehr anpassungsfähige Fische, die sich auch in normalem Leitungswasser wohlfühlen. Das gilt auch für den Zwergregenbogenfisch. Bei ihm haben beide Geschlechter ähnliche Farben, die Männchen aber die länger ausgezogenen Flossen. Zusätzlich zeigen sie bei der Balz vom Maul bis zur Rückenflosse über die Stirn verlaufend einen Balzstrich, den viele, aber nicht alle Regenbogenfischmännchen haben. Er wird wie eine Lampe in kurzen Abständen „an- und ausgeschaltet" und ist attraktiv anzusehen. Wie alle Regenbogenfische ist der Zwergregenbogenfisch nicht nur Dauerlaicher mit täglicher Laichabgabe, sondern auch Allesfresser, der nicht zuviel Futter erhalten darf.

Australien und Neuguinea

♂ 7 cm, ♀ 7 cm

22–26 °C

Mitte

80+

++

Kleines Bild oben: Die Weibchen sind an den kürzeren Flossen erkennbar.

Ein Männchen einer besonders farbenprächtigen Variante.

	Papua, Indonesien
	♂ 5 cm, ♀ 5 cm
	22–25 °C
	Mitte
	60+
	++

Diamant-Regenbogenfisch

Melanotaenia praecox

Es gibt kaum auffälligere Fische im Aquarium als die Diamant-Regenbogenfische. Ein metallisch-himmelblauer Körper mit einem regelrecht leuchtenden Rücken im Kontrast zu den roten Flossen, eine solche Färbung gibt es bei wenigen Fischen. Dazu bleibt der Fisch relativ klein. Zu hartes Wasser gefällt ihm nicht, ansonsten ist er nicht besonders anspruchsvoll. Die Weibchen haben annähernd die gleiche Körperfärbung, aber gelbliche und kürzere Flossen. Am besten ist es, wenn man einen kleinen Trupp von sechs bis acht Exemplaren pflegt, denn dann zeigen sie auch bei den täglichen Balzphasen ihre schönsten Farben. Kleines Lebend- oder Frostfutter sollte abwechselnd mit Trockenfutter gereicht werden, aber wie bei allen Regenbogenfischen sollte es nicht zuviel sein. Auch Diamant-Regenbogenfische sind Dauerlaicher.

Ein prächtig gefärbtes Männchen des Diamant-Regenbogenfischs.

Weibchen sind etwas blasser und weniger hochrückig.

Killifische

Besonders prächtig, aber ein kleiner Räuber: der goldene Streifenhechtling, *Aplocheilus lineatus.*

Zwar farbig, werden viele Arten leider nicht sehr alt. Deswegen werden sie im Handel nur selten angeboten, obwohl es annähernd 1000 verschiedene Arten gibt. Seien Sie also nicht zu traurig, wenn Ihr schöner Killifisch – der Name stammt übrigens aus dem Niederländischen, dort bedeutet kill „Pfütze", denn diese Fische kommen selbst in kleinsten Gewässern vor – nicht lange lebt. Mehr als zwei Jahre sind für die meisten Arten schon sehr viel, besonders, wenn sie bei höheren Temperaturen gehalten werden.

Kap Lopez

Aphyosemion australe

Westafrika

♂ 6 cm, ♀ 6 cm

22–24 °C

Mitte, unten

60+

++

Die Normalform mit ihrer eher braunen Färbung fällt nicht besonders auf. Ganz das Gegenteil gilt für die goldene Form, den Gold-Kap Lopez, bei dem die schwarze Farbe weggefallen ist. Leuchtend orangerot schwimmen die Fische durch das Aquarium. Die Weibchen haben am Körper eine weniger deutliche Musterung und vor allem nahezu farblose Flossen, während die der Männchen ausgesprochen farbig und auch deutlich vergrößert sowie ausgezogen sind. Leider sind diese Fische nicht sehr langlebig, anderthalb Jahre sind schon ein gutes Ergebnis. Wir können die Lebensspanne aber etwas verlängern, wenn wir den Kap Lopez bei kühleren Temperaturen halten. Bei 22 °C fühlt er sich sichtbar wohl, kann aber durchaus zwei Jahre alt werden. Diese Kurzlebigkeit ist typisch für viele Killifische und Sie sollten nicht traurig sein, wenn ihre schönen Fische nicht allzu alt werden. Das liegt in ihrer Natur.

Kräftig leuchten die orangeroten Farben des Gold-Kap-Lopez-Männchens.

Streifenhechtling

Aplocheilus lineatus

Wer einmal die Goldform des Streifenhechtlings im Sonnenlicht schimmern gesehen hat, möchte keinen anderen Fisch mehr. Denn wie Gold glitzern die Schuppen und der Fisch zeigt seine volle Farbenpracht. Berücksichtigen Sie das bitte bei der Standortwahl Ihres Aquariums. Sicher ist auch die Normalform schon hübsch, aber die meisten von Ihnen werden sich, vor die Wahl gestellt, für die Goldform entscheiden. Bedenken Sie aber, dass es sich um einen kleinen Räuber handelt, der auch vor Guppymännchen nicht Halt macht. Reichen Sie deswegen mindestens zweimal wöchentlich Lebend- oder Frostfutter. Größere Fische, die nicht als Beute dienen können, werden vollkommen in Ruhe gelassen. Die Männchen haben größere Flossen und sind kräftiger gefärbt, die Weibchen sind deutlich blasser, mit kaum gefärbten Flossen.

Vorderindien

♂ 10 cm, ♀ 10 cm

22–26 °C

oben

80+

!

Foto: F. Bitter

Auch das Weibchen ist als Goldform gleich zu erkennen.

Männchen der Goldform des Streifenhechtlings.

Stahlblauer Prachtkärpfling
Fundulopanchax gardneri

Nigeria

♂ 6 cm, ♀ 6 cm

22–26 °C

oben

60+

\+

Nicht alle Killifische Afrikas sind kurzlebig, dieser ist eine der positiven Ausnahmen. Denn mit einem Höchstalter von etwa fünf Jahren wird der Stahlblaue Prachtkärpfling deutlich älter als etwa Guppys und Zwergbuntbarsche. Sie sind gute Gesellschaftsfische, die allerdings nicht mit langflossigen oder besonders kleinen (unter 2,5 cm) Fischen zusammen gepflegt werden dürfen. Umgekehrt sind Sumatrabarben auch nicht die richtige Gesellschaft, denn ihnen können die ruhigen Schwimmer nicht entkommen. Mit vielen anderen Fischen aber funktioniert die Gemeinschaft. Gefüttert werden sollte mindestens zweimal wöchentlich Lebend- oder Frostfutter, wird ausschließlich Trockenfutter gereicht, kümmern sie. Auf ein Männchen sollten möglichst zwei Weibchen kommen. Während die Männchen die prächtigen Farben zeigen, sind die Weibchen einfarbig hellrötlich, mit regelmäßigen roten Punktreihen.

Fotos: F. Bitter

Der Stahlbaue Prachtkärpfling gehört zu den langlebigen afrikanischen Killifischen.

Schmerlen

Im Handel werden immer einige Schmerlen und Prachtschmerlen angeboten. Letztere können aber groß und manchmal auch recht unverträglich sein. Deswegen stelle ich Ihnen besonders das Dornauge vor, das wegen seiner schlangenähnlichen Gestalt recht beliebt ist, sowie eine Prachtschmerle, die zu den friedlicheren Arten zu rechnen ist.

Foto: D. Gröbel

Netzschmerle

Botia almorhae

Hinterindien

♂ 12 cm, ♀ 12 cm

24–28 °C

unten

100+

+

Der Bodengrund ist ihr Reich, deswegen sollten sie nicht mit anderen den Bodenbereich bewohnenden Fischen wie Zwergbuntbarschen oder Panzerwelsen vergesellschaftet werden. Auch sehr kleine andere Fische sind nicht die richtige Begleitung. In einer kleinen Gruppe von mindestens vier Exemplaren finden die kleinen Streitigkeiten aber nur untereinander statt. Ihre Lieblingsnahrung sind Schnecken, aber es wird auch alles andere gefressen. Das Aquarium sollte über ausreichend Verstecke verfügen und nicht zu hell beleuchtet werden, dann fühlen sich die Netzschmerlen wohl. Beim Umgang mit ihnen (etwa im Netz) muss man etwas vorsichtig sein, denn unter dem Auge haben sie einen zwar ungiftigen, aber sehr spitzen Dorn, mit dem sie den unvorsichtigen Halter verletzen können. Mit dem Alter ändert sich die Zeichnung, sie wirkt dann eher gemustert als gestreift.

Diese Netzschmerlen sind schon etwas älter, ihre Zeichnung löst sich etwas auf.

Gestreiftes Dornauge

Pangio kuhlii

Sie ähneln kleinen Schlangen. Das macht sie bei vielen Einsteigern so beliebt. Als dämmerungsaktive Fische sind sie vor allem abends gut zu beobachten. Tagsüber verstecken sie sich oft unter Wurzeln oder zwischen Pflanzen, manchmal auch im Sandboden. Mit Futter können wir sie aber meist hervorlocken. Ihren Namen haben sie erhalten, weil sie unter dem Auge einen kleinen Dorn haben, der zwar nicht giftig ist, mit dem sie aber kleine Stiche austeilen können, wenn sie gefangen werden. Anderen Fischen gegenüber sind sie vollkommen harmlos. Eines nur müssen wir beachten: Für diese Fische muss das Aquarium ausgesprochen gut abgedeckt sein. Sie scheinen die kleinsten Lücken finden zu können. Besonders kritisch sind die Einlassstellen von Luft- und Filterschläuchen, die sollten wir mit Plastikfolie oder Ähnlichem zustopfen oder -kleben. Dann kann man jahrelang an diesen „Minischlangen", mit denen sie natürlich nicht verwandt sind, Freude haben.

Südostasien

♂ 12 cm, ♀ 12 cm

23–26 °C

unten

80+

++

Ein Dornauge traut sich vorsichtig aus seinem Versteck heraus.

Foto: D. Gröbel

Die praktischen Fibeln für Einsteiger und Profis

Carsten und Frank Logemann

Garnelen-Fibel

Süßwassergarnelen für Anfänger und Fortgeschrittene

3. Auflage, 92 Seiten, 150 Farbfotos, geb., ISBN 978-3-935175-38-8

Die Autoren haben in dieser Grundlagenfibel alles notwendige Wissen über Haltung und Pflege, Einrichtung des Aquariums, Technik, Futter, Paarung und Vermehrung sowie Krankheiten zusammengetragen und äußerst unterhaltsam und anschaulich dargestellt.

Friedrich Bitter

Moos-Fibel

Dekoratives Grün im Aquarium

96 Seiten, 210 Farbfotos, geb., ISBN 978-3-935175-50-0

In diesem reich bebilderten Buch werden erstmals die speziell im Hobby vorhandene Moose vorgestellt und ihre Grundbedürfnisse erklärt. Darüber hinaus gibt es eine Vielzahl kreativer Anregungen zur praktischen Gestaltung mit Moos im Aquarium.

Harro Hieronimus

Aquarientechnik-Fibel

Wie funktioniert's und was ist notwendig?

96 Seiten, 170 Farbfotos, geb., ISBN 978-3-935175-49-4

Ohne die richtige Technik kein attraktives Aquarium. Aber das Angebot ist vielfältig und beinahe unüberschaubar. Diese Grundlagenfibel zeigt sehr übersichtlich die Unterschiede der angebotenen Systeme und Hilfsmittel und sagt, wie sie funktionieren und was sinnvoll und notwendig ist.

Chris Lukhaup / Reinhard Pekny (Hrsg.)

Nano-Fibel

Faszinierende Mini-Aquarien für Einsteiger

92 Seiten, 200 Farbfotos, geb., ISBN 978-3-935175-44-9

Ein fachkundiges Autorenteam zeigt, wie faszinierend ein Aquarium von 10 bis 50 Litern aussehen kann. Ob Pflanzen, Garnelen, Krebse, Schnecken, Fische oder technische Voraussetzungen. In dieser Fibel finden Sie leicht verständlich und reich bebildert alle wichtigen Infos und Tipps.

Friedrich Bitter

Schnecken-Fibel

Attraktive und nützliche Tiere im Süßwasseraquarium

92 Seiten, 200 Farbfotos, geb. ISBN 978-3-935175-45-6

Schnecken erfreuen sich in den letzten Jahren einer wachsenden Beliebtheit in der Aquaristik. Dabei können sie nicht nur überaus nützliche Lebewesen im Becken sein, sondern sind auch optisch besonders reizvoll. In dieser Grundlagenfibel hat der Autor das gesamte notwendige Basiswissen über diese faszinierenden Wirbellosen zusammengetragen und stellt in nie gekannter Vielfalt die verschiedenen Gattungen und ihre Besonderheiten vor.

Dähne Verlag Ich weiß.

Dähne Verlag GmbH
www.aquaristik-online.de
service@daehne.com

Organix®
Söll
FÜR LEBENDIGE,
KRÄFTIGE FARBEN.
Organix
Söll
SUPER
COLOUR FLAKES
Hauptfutter für alle Zierfische
zur Entfaltung der Farbenpracht
28 g
270 ml
MEHR ALS 3% OMEGA 3 & 6 FETTSÄUREN (DHA/EPA)
GUTES FUTTER
FÜR GUTE FISCHE
www.soell-organix.de